高职高专土建类专业规划教材
GAOZHI GAOZHUAN TUJIANLEI ZHUANYE GUIHUA JIAOCAI

工程测量实训指导手册

杨晓平 主 编
李艳双 程和平 刘 娟 副主编

中国电力出版社
www.cepp.com.cn

本书是《工程测量》（杨晓平主编，中国电力出版社出版）的配套用书。全书共分为4个部分：第1部分为工程测量实验与实习须知。第2部分为课间实验与实习项目。第3部分为《工程测量》教学综合实习。包括测图阶段的图根控制测量和地形测绘、施工阶段的控制测量和施工定位放样实习。第4部分是附录。包括一些测量数据处理中的取位知识的介绍、数据有效数字的取舍，以及常用办公软件和 AutoCAD 在工程测量中的一些应用方法、常用全站仪的使用方法等。

图书在版编目（CIP）数据

工程测量实训指导手册/杨晓平主编．—北京：中国电力出版社，2008.7（2015.9 重印）

高职高专土建类专业规划教材

ISBN 978-7-5083-7400-0

Ⅰ. 工… Ⅱ. 杨… Ⅲ. 工程测量—高等学校：技术学校—教学参考资料 Ⅳ. TB22

中国版本图书馆 CIP 数据核字（2008）第 083652 号

中国电力出版社出版发行

北京市东城区北京站西街 19 号　100005　http：//www.cepp.com.cn

责任编辑：王晓蕾　　责任印制：陈焊彬　　责任校对：朱丽芳

北京雁林吉兆印刷有限公司印刷·各地新华书店经售

2008 年 7 月第 1 版·2015 年 9 月第 4 次印刷

787mm×1092mm　1/16·8 印张·203 千字

定价：16.00 元

编委会名单

前　言

《工程测量实训指导手册》是《工程测量》（杨晓平主编，中国电力出版社 2008 年出版）的配套教材。本手册是编者在总结多年来建筑工程技术专业及相关建筑类专业工程测量课程实践教学经验的基础上，结合目前工程测量课程教学计划及配套教材对实训课程的要求编写而成的。本手册所列各项实验是现今工程测量课程的基本实验项目，主要目的是让学生掌握基本的仪器操作方法和施工测量方法。实践性教学环节有利于学生加深对课堂教学内容的理解，有利于培养学生使用测量仪器的能力，提高学生的操作水平。工程测量教学综合实习可以培养和训练学生在工程实践中应用测量知识的能力。通过各实验项目的学习及测量综合实习训练环节，学生能够掌握测量的基本工作方法及相应的工程测量方法，为最终提高学生在工程实践活动中应用测量知识的能力，培养学生在工程实践中发现问题、解决问题的能力奠定坚实的基础。

全书共分为四个部分：第一部分为工程测量实验与实习须知，对学生进行测量课程实习，提出了最基本的要求，详细说明常规测量仪器的正确使用方法和测量资料的记录方法。第二部分为具体的课间实验项目，依据不同的测量仪器和测量方法，列出了 20 个实验项目，每项均有明确的实验目的、任务要求、简明的实验步骤提示、实验中的注意事项及实习后的相关思考题，并附有实验记录表格。简明的实验步骤有利于更好的引导学生进行实习，更能培养学生独立分析与解决问题的能力，通过标准化的实习记录表格，可以规范学生的测量习惯，实习后的实验报告有利于实训指导老师对学生的实习活动进行掌握，并能较准确对学生的实验成绩进行评定。第三部分为测量教学综合实习，包括测图阶段的图根控制测量和地形测绘、施工阶段的控制测量和施工定位放样实习，通过此综合实习，可以将课堂上所学的测量知识、测量操作技能技巧及工程测量工作方法串成一体，进一步加深学生对所学测量理论知识的理解，巩固与提高学生的操作能力。本测量综合实训极具针对性，将工程施工阶段所遇到的主要测量工作内容，进行了系统的模拟实训，有助于学生熟悉施工组织程序，为后期学习施工技术、施工组织与工程管理等课程打下基础。第四部分是附录，包括一些测量数据处理中的取位知识的介绍、数据有效数字的取舍，以及常用办公软件和 AutoCAD 在工程测量中的一些应用方法，常用全站仪的使用方法等。

湖北城市建设职业技术学院杨晓平担任本书主编，并进行了统稿和定稿工作。程和平、李艳双、刘娟担任副主编，中国第一冶金建筑工程有限公司肖治华和湖北汉川水利设计院黄磊参与编写。

中国地质大学徐景田教授担任本书主审，并提出了一些宝贵的、有建设性的建议，在此表示衷心感谢。

在本书编写过程中，得到了编者所在学院、中国电力出版社有关领导及编辑的鼓励与支持，同时还参阅了许多参考文献，在此一并表示由衷的谢意。

由于编者水平有限，书中难免存在某些不妥之处，恳请读者及同行批评指正。

编　者

目　　录

第1部分　工程测量实验与实习须知

1.1　测量实习的基本目的

“工程测量”是高职高专建筑工程技术专业及建筑类相关专业必修的一门专业基础课，具有理论和实践紧密结合的特点。工程测量的理论教学、实验教学和实习教学是本课程的三个重要的教学环节。坚持理论与实践的紧密结合，认真进行测量仪器的操作应用和测量实践训练，才能真正掌握工程测量的基本原理和基本测量工作方法。因此，为巩固学生课堂所学，必须进行测量实验与实习这一重要的教学环节。工程测量实习的基本目的是：

（1）掌握常规光学测绘仪器及光、机、电一体化测量仪器和配套工具的基本使用方法。

（2）掌握各种常规测量的观测方法、数据记录与计算与观测成果的计算与检核方法。

（3）掌握常规测量工作的基本观测程序及作业过程，培养在工程实践活动中发现问题、解决问题的初步能力。

（4）培养严谨认真的工作作风、团结协作的团队意识、吃苦耐劳的坚韧品质。

1.2　实验与实习基本程序

（1）测量实验与实习以小组为单位进行，采取组长负责制，班级学习委员向任课教师提供分组名单，确定小组负责人。

（2）每次测量实验与实习开始前，应仔细阅读教材中相关内容和预习《工程测量实训指导手册》中相应项目，搞清测量基本概念和工作方法，明确实验与实习的目的和任务，熟悉实习方法、步骤和注意事项，并按本手册中的各实习项目的要求，于实习课前准备好必备的工具，如铅笔、小刀等，以便顺利地完成实习任务。

（3）实验和实习是集体学习行动，任何学生不得无故缺席或迟到；测量实习应按规定的时间和场地进行，不得随便改变地点。在实验和实习中认真观看指导老师进行的示范操作，在使用仪器时严格按操作规则进行。学生必须在实习指导教师的指导下，依据有关的测量规范，按照规定的技术指标、精度指标、方法和程序，严谨细致地工作，确保测量成果的真实可靠。

（4）每次测量实习结束后，每位学生应提交一份合格的、书写规范的实习报告，以作为评定实验与实习成绩的依据。

1.3　实习的基本要求

（1）测量工作是一项技术性很强的工作，必须高度重视实验与实习中的每项内容和步骤、方法，以确保达到实习的目的及效果，切不可流于形式。

（2）测量实习应严格遵守有关规范及本手册列出的相关规定，遵守实训课堂纪律，注意聆听指导教师的讲解。实习报告的填写必须规范。

(3) 实验与实习中的具体操作应按各项实习任务书的规定及步骤进行，如遇问题要及时向指导教师提出。实验中出现的仪器故障必须及时向指导教师报告，不可随意自行处理。

(4) 测量工作是一项集体作业，因此每个实习小组的所有成员必须合理分工、密切配合、团结协作，共同完成实习任务，并要求每位成员均能掌握各操作要领。

(5) 实习过程中，严禁一切违纪行为，且必须注意仪器及工具的正常使用，不得损坏。

1.4 测量数据填写及计算的要求

1. 数据记录

(1) 记录的测量数据是重要的原始观测资料，是内业数据处理的依据，要保证真实性，严禁伪造，谨防丢失。

(2) 测量记录应用 2H 铅笔书写，字高应稍大于格子的一半，字脚靠近底线，字迹应工整、清晰。一旦记录中出现错误，便可在留出的空隙处对错误的数字进行更正。

(3) 记录观测数据之前，应将表头栏目填写齐全，不得空白。凡记录表格上规定填写的项目应填写齐全。

(4) 观测过程中，坚持回报制度。观测者读完读数，记录者复诵，防止读错、听错或记错。得到观测者默许后，方可记入手簿。若记录者复诵错误，观测者应及时纠正后，记录者方可记录于手簿中。

(5) 读数和记录数据的位数应齐全，不得随意缺省。如在普通水准测量中，水准尺读数 0325，度盘读数 4°03′06″，其中的“0”均不能省略。

(6) 观测记录必须直接填写在规定的表格内，不得用其他纸张记录再行转抄。

(7) 测量记录严禁擦拭、涂改、挖补或就字改字。发现错误应在错误处用细横线划去，将正确数字写在原数上方，不得使原字模糊不清。淘汰某整个部分时可用斜线划去，保持被淘汰的数字仍然清晰。所有记录的修改和观测成果的淘汰，均应在备注栏内注明原因（如测错、记错或超限等），但观测数据的尾数出错不得更改，而必须重测重记。

(8) 严禁连环修改。若已修改了平均数，则不准再改动计算得此平均数的任何一个原始数据。若已改正了一个原始读数，则不准再改其平均数。假如两个读数均错误，则应重测重记，即相关的记录数字只能改正一个。

(9) 凡废去的记录或页码，应从左下角至右上角以细实线划去，不得涂抹或撕页，并在备注栏注明原因。

(10) 应保持原始记录的整洁，严禁在记录表格内外和背面书写无关的内容。

(11) 每测站观测结束，应在现场完成计算和检核，确认合格后方可迁站。实验结束，应按规定每人或每组提交一份记录手簿或实验报告。

2. 计算

(1) 外业计算。根据外业观测数据完成外业的相关计算，并对观测结果进行计算检核和精度检核。观测结果若达到规定精度要求，可进行后续内业数据计算处理工作；否则，应查找原因，进行补测或重测。

(2) 内业数据计算处理。内业数据计算处理应遵循内业计算不得降低外业观测精度的原则进行。

观测值平差值计算：根据闭合差及其影响因素计算改正数，进而求出观测值的平差值。

推算元素计算：观测值函数的最或然值（即算术平均值）计算应根据起算数据和观测值的平差值按相应的函数关系进行推算。

精度评定：按相应的计算公式进行。

（3）测量计算应遵循的规定。测量计算应遵循"步步有检核"的规定，必须完成规定的计算检核项目。本步检核未通过，不得进行下一步计算，以确保计算结果的正确性，避免不必要的返工。

（4）数值的近似计算。

有效数字：如果一个近似数的最大凑整不超过该数最末位的 0.5 个单位，则从这个数字起一直到该数最左面第一个不为零的数为止，称为该数的有效数字，并用其位数表示。

数值舍入规定："4 舍 6 入，5 前单进双不进"，即舍去部分的数值大于所保留末位的 0.5 时，末位加一；舍去部分的数值小于所保留末位的 0.5 时，末位不变；舍去部分的数值恰好等于所保留末位的 0.5 时，末位凑整为偶数。如 1.3144、1.3136、1.3145、1.3135 等数，若取三位小数，则均记为 1.314。

数字运算中的取位：对于加减运算，以小数位数字最少的数为标准，其余各数均凑整成比该数多一位；对于乘除运算，积的有效数字的个数与计算因子中有效数字个数最小的相同。最后成果的有效数字应不超过原始资料的有效数字。

1.5　测量仪器的借领及归还规定

（1）每次实验与实习所需仪器及工具均在各项实习任务书上载明（或依任课教师提交的实习计划定出的仪器），学生应以小组为单位在上实习课之前凭学生证向测量实验室借领。

（2）借领时，各组依次由 1～2 人进入仪器室内，在指定地点清点、检查仪器和工具，发现问题及时请求实验室处理，确认无误后，在登记表上填写班级、组号及日期，并由小组长签名后将登记表及学生证交管理人员。仪器拿到实习场地开箱后要认真检查，发现问题应在借出后 30min 内报告指导教师或送回实验室。否则，一旦发现问题，要承担相应的赔偿责任。

（3）每次实习时，应提前 10min 到实验室办理仪器借领手续，不得无故迟到。上课 15min 以后不再办理仪器借领手续。

（4）仪器借出后，要在规定的时间内完成实习内容；补做实习的学生，要抓紧时间补做。实习完成并检查合格后，应尽快清点、清理并归还仪器，不得无故拖延时间。

（5）实习过程中，各组应妥善保护仪器、工具。各组间不得任意调换仪器、工具。若有损坏或遗失，视情节照章处理。

（6）所借仪器和工具，仅供实习期间使用，未经许可不得擅自带回宿舍或其他地方存放。

（7）实习结束后，由实验室老师检查所借仪器和工具，确认合格后，将《仪器借用卡》退还给实习小组。实习完毕后，应将所借用的仪器、工具上的泥土清扫干净再交还实验室。由管理人员检查所借仪器和工具，经验收确认合格后发还学生证。

1.6 仪器工具丢失损坏赔偿规定

(1) 爱护公物，人人有责。对于实验与实习所用仪器，每个使用者都应加倍珍惜，妥善保管，防止损坏或丢失。一旦造成仪器设备损坏或丢失，则应视情节轻重予以处理。

(2) 因责任事故或违反操作规程造成仪器设备损坏或丢失的，均应赔偿。在处理赔偿事宜时，视损坏或丢失仪器设备的价值、损坏程度、当事人事后的认识态度等具体情况确定。

(3) 仪器设备损坏的处理。大型精密仪器设备损坏，应填写事故报告单，并及时上报所管系部和学院处理。被损坏的仪器设备应由损坏者负责修复。确实无法修复的，应由学院组织鉴定报废。赔偿金额原则上按原价折旧处理。

普通仪器设备损坏，应视损坏程度酌情处理。造成仪器设备整体损坏的，应申请报废，由当事人赔偿损失；仪器设备局部损坏的，应赔偿配件费及修理费，或由当事人负责修复。小件设备损坏，五十元以上的酌情处理，五十元以下的照价赔偿。

(4) 仪器设备丢失的处理。四百元以上的仪器设备丢失，要上报所管系部（或学院相关管理部门）处理；小件设备丢失，原则上按原价折旧赔偿。

(5) 赔偿程序。仪器设备损坏或丢失后，要及时报告实验室。实验室负责仪器收发的工作人员，要责令当事人填写事故报告单，并对发生的情况予以记载，经指导教师签字认可后，交由实验室或所管系部处理。

1.7 测量仪器操作规程

测量仪器是精密光学仪器，或是光、机、电一体化贵重设备，对仪器的正确使用、精心爱护和科学保养，是测量人员必须具备的素质，也是保证测量成果的质量、提高工作效率的必要条件。在使用测量仪器时应养成良好的工作习惯，严格遵守下列规则：

1. 一般规定

(1) 领取仪器时必须检查：

1) 仪器箱盖是否关妥、锁好。

2) 背带、提手是否牢固。

3) 脚架与仪器是否相配，脚架各部分是否完好，脚架腿伸缩处的连接螺旋是否滑扣。要防止因脚架未架牢而摔坏仪器，或因脚架不稳而影响作业。

(2) 打开仪器箱时的注意事项

1) 仪器箱应平放在地面上或其他台子上才能开箱，不要托在手上或抱在怀里开箱，以免将仪器摔坏。

2) 开箱后未取出仪器前，要注意仪器安放的位置与方向，以免用毕，装箱时因安放位置不正确而损伤仪器。

(3) 自箱内取出仪器时的注意事项

1) 不论何种仪器，在取出前一定要先放松制动螺旋，以免取出仪器时因强行扭转而损坏制动、微动装置，甚至损坏仪器轴系。

2) 自箱内取出仪器时，应一手握住照准部支架，另一手扶住基座部分，轻拿轻放，不要用一只手抓仪器。

3）自箱内取出仪器后，要随即将仪器箱盖好，以免沙土、杂草等不洁之物进入箱内。还要防止搬动仪器时丢失附件。

4）取仪器和使用过程中，要注意避免触摸仪器的目镜、物镜，以免玷污，影响成像质量。不允许用手指或手帕等物去擦仪器的目镜、物镜等光学部件。

（4）架设仪器时的注意事项

1）伸缩式脚架三条腿抽出后，要把固定螺旋拧紧，但不可用力过猛而造成螺旋滑扣。要防止因螺旋未拧紧而使脚架自行收缩而摔坏仪器。三条腿拉出的长度要适中。

2）架设脚架时，三条腿分开的跨度要适中；并得太靠拢容易被碰倒，分得太开容易滑倒，都会造成事故。若在斜坡上架设仪器，应使两条腿在坡下（可稍放长），一条腿在坡上（可稍缩短）。若在光滑地面上架设仪器，要采取安全措施（如用细绳将脚架三条腿连接起来），防止脚架滑动摔坏仪器。

3）在脚架安放稳妥并将仪器放到脚架上后，应一手握住仪器，另一手立即旋紧仪器和脚架间的中心连接螺旋。固定仪器时，中心螺旋松紧应适度，以防止仪器脱落或螺纹损坏。

4）仪器箱多为薄型材料制成，不能承重，因此严禁蹬、坐在仪器箱上。

（5）仪器在使用过程中要做到

1）在阳光下观测必须撑太阳伞，防止日晒和雨淋（包括仪器箱）。雨天应禁止观测。对于电子测量仪器，在任何情况下均应撑伞防护。

2）任何时候仪器旁必须有人守护。禁止无关人员拨弄仪器，注意防止行人、车辆碰撞仪器。

3）如遇目镜、物镜外表面蒙上水汽而影响观测（在冬季较常见），应稍等一会或用纸片扇风使水汽散发。如镜头上有灰尘，应用仪器箱中的软毛刷拂去。严禁用手帕或其他纸张擦拭，以免擦伤镜面。观测结束应及时套上物镜盖。

4）操作仪器时，用力要均匀，动作要难确、轻捷。制动螺旋不宜拧得过紧，微动螺旋和脚螺旋宜使用中段螺纹，用力过大或动作太猛都会造成对仪器的损伤。

5）转动仪器时，应先松开制动螺旋，然后平稳转动。使用微动螺旋时，应先拧紧制动螺旋。

（6）仪器迁站时的注意事项

1）在远距离迁站或通过行走不便的地区时，必须将仪器装箱后再迁站。

2）在近距离且平坦地区迁站时，可将仪器连同三脚架一起搬迁。首先检查连接螺旋是否拧紧，松开各制动螺旋，再将三脚架腿收拢，然后一手托住仪器的支架或基座，一手抱住脚架，稳步行走。搬迁时切勿跑行，防止摔坏仪器。严禁将仪器横扛在肩上搬迁。

3）迁站时，要清点所有的仪器和工具，防止丢失。

（7）仪器装箱时的注意事项

1）仪器使用完毕，应及时盖上物镜盖，清除仪器表面的灰尘和仪器箱、脚架上的泥土。

2）仪器装箱前，要先松开各制动螺旋，将脚螺旋调至中段并使其大致等高。然后一手握住支架或基座，另一手将中心连接螺旋拧开，双手将仪器从脚架上取下放入仪器箱内。

3）仪器装入箱内要试盖一下，若箱盖不能合上，说明仪器未正确放置，应重新放置。严禁强压箱盖，以免损坏仪器。在确认安放正确后再将各制动螺旋略为拧紧，防止仪器在箱内自由转动而损坏某些部件。

4）清点箱内附件，若无缺失则将箱盖盖上、扣好搭扣、上锁。

2. 水准仪操作规程

（1）安置仪器时，应尽量使前后视距相等。

（2）仪器安置后及整个观测过程中，任何情况下观测者都不得擅自离开仪器，以确保仪器安全。

（3）观测过程中，应按规定的方法和程序进行操作，正确使用仪器各有关部件。微动及微倾螺旋应始终用其中部，二者旋转到位后，不能强行转动，以免脱落。摩擦制动的仪器无此项限制。

（4）对于自动安平水准仪，在使用前和使用中，应随时检查其补偿器是否正常工作。采用磁阻尼的仪器，每次读尺前应先按下阻尼器按钮使其释放，待其稳定后方可读数。

（5）迁站时，可与三脚架一起搬迁，但事先必须检查并确认中心螺旋的可靠性，并用一手抱持脚架，一手托扶仪器，不许扛着脚架搬迁。

3. 经纬仪操作规程

（1）仪器使用前、后，应仔细检查照准部固定螺旋是否拧紧，使用过程中不得擅自松动。

（2）观测过程中，应按规定的方法和程序进行操作，正确使用仪器各有关部件。微动螺旋应始终用其中部，且在制动后使用。微动螺旋到位后，不能强行转动，以免脱落。

（3）观测过程中，严禁直接照准太阳，以免灼伤眼睛。

（4）测微轮使用时轻转，不得强行转动。

（5）对装有竖盘指标自动补偿器的仪器，在进行竖直角观测时，应将补偿器开关打开，并检查其工作情况是否良好，其余时间应使补偿器关闭。采用磁阻尼的仪器，每次读数前应先按下阻尼器按钮使其释放，稳定后方可读数。

（6）仪器装箱前，基座上的三个脚螺旋均应收回，制动螺旋应松开，垂球线应缠在线板上，箱内一切设备复位后，方可拧紧制动螺旋，锁上镜箱。

（7）迁站时，原则上应将仪器装箱。距离较短时，可与三脚架一起搬迁，但事先必须检查并确认中心连接螺旋的可靠性，并用一手抱持脚架，一手托扶仪器行走，不许扛着脚架搬迁。

4. 全站仪操作规程

（1）全站仪应指定专人负责保管。保管人员应按规定时间对其所用电池进行充、放电。仪器较长时间不用时，机内电池应当取出放置。仪器使用后应及时做好使用情况的记载。

（2）仪器操作者应是经过专门培训且成绩合格的人员，严禁未经培训的人员上机操作。仪器使用前，操作者应先仔细阅读操作手册，以便按正确的方法和程序进行操作。操作者应负责仪器的操作及安全等事项。

（3）学生实习时，指导教师须仔细讲解仪器性能、主要部件及其作用、操作要领以及注意事项等，并亲临现场指导，负责仪器的安全管理。

（4）测站应尽量设在安全且便于观测的地方。若必须设在困难地段时，应采取防护措施，以确保仪器安全。测站宜避开电磁波干扰，若必须在此设站时，测线应离开波源一定距离，以防止电磁波干扰而造成测量结果出错。

(5) 仪器应保持干燥，以避免各光学部件发霉及传导组件锈蚀。

(6) 安置仪器时，各部件及通信电缆应连接可靠、有效。

(7) 照准反射棱镜后，视场内不得有任何发光或反光物体，防止杂波干扰而造成信号混乱。

(8) 观测过程中，任何情况下都不得直接照准太阳；必要时，应打伞遮阳，以免太阳光聚焦后烧坏主要部件。

(9) 天气炎热时，为确保测量精度，宜撑伞遮阳，避免阳光直射。

(10) 迁站时，应装箱搬运，严禁连同脚架一起搬迁。

5. 配套工具使用规则

(1) 水准尺

1) 使用水准尺时，将其零端立于水准点或尺垫上。

2) 立尺时，应用双手握住尺子的把手扶持水准尺，且手指不应按在尺上注记分划处，以免遮挡分划线而影响读数。

3) 带圆水准气泡的尺子，应使气泡居中；没有气泡的，读尺时应使尺子尽量铅直且稳定。

4) 水准尺不使用时，应靠墙竖立或平放在平坦地面上，严禁在尺身上坐卧。

5) 严禁用水准尺扛抬仪器或其他物品。

(2) 钢尺

1) 钢尺在拉出或卷回时，要防止打圈，折断。

2) 在行车较多的道路上使用时，要防止碾压。

3) 在比较潮湿或有水的地方使用后，应及时上油，以免锈蚀。

4) 使用钢尺时，应注意区分端点尺和刻线尺，以免出错。

(3) 尺垫

1) 尺垫只能用在转点上，已知点和未知点上均不得安放尺垫。

2) 在松软的地面上尺垫应踏实，以免下沉；在路面或其他坚硬的地方，尺垫应放置稳妥。

3) 水准标尺应竖立在尺垫凸起的最高处。

4) 尺垫由铸铁制成，容易碎裂，使用时应小心落地，谨防损坏。

(4) 其他辅助测量工具

1) 使用皮尺时应避免沾水，若受水浸，应凉干后再卷入皮尺盒内。收卷皮尺时，切忌扭转卷入。

2) 花杆。应注意防止受横向压力，不得将水准尺和花杆斜靠在墙上、树上或电线杆上，以防倒下摔断，也不允许在地面上拖拽或用花杆作标枪投掷。

3) 小件工具如垂球、插钎、拉力计、温度计、气压计及钢卷尺等，应用完即收，防止遗失。

1.8　课间实验与实习成级评定办法

(1) 测量实验与实习是教学的重要环节，教师应对参加实习的学生进行考核。

（2）考核的主要依据是出勤情况、实际操作技能及实习报告完成情况。

（3）课间实验与实习成绩按一定比例纳入本门课程期终考试成绩，测量综合实训成绩单独评定。

（4）学生应独立完成实习任务并提交实习报告，不得抄袭；成图应以原始资料为准绘制，不得映绘，否则以不及格计。

（5）无故未提交成果资料和实习报告或伪造成果者，均以不及格计。

（6）学生不得无故缺席或迟到、早退。迟到10min以上者，取消其本次实习资格；累计缺席次数超过课间实验与实习总次数的1/4者，不得参加考试，课程成绩以不及格计。

第 2 部分　课间实验与实习项目

2.1　DS_3 型水准仪的认识及使用

2.1.1　目的和要求

（1）认识 DS_3 微倾式水准仪的基本构造、各操作部件的名称和作用，并熟练掌握各部件的使用方法。

（2）掌握 DS_3 水准仪的安置、瞄准和读数方法，会使用水准仪。

（3）练习普通水准测量一测站的测量、记录和计算方法，掌握普通水准测量的流程，能使用水准仪进行两点间的高差测量。

2.1.2　任务

熟悉并使用 DS_3 型微倾式水准仪，了解配套使用的水准尺的分划，能进行两点间的高差测量，会安置仪器，使用仪器。每人观测两站。

2.1.3　组织和学时

每组 4～5 人，课内 2 学时。

2.1.4　仪器和工具

每组配备 DS_3 微倾式水准仪 1 台、水准尺（塔尺）1 对、尺垫 2 个，记录板 1 块。

2.1.5　方法和步骤

（1）指导教师向学生讲解，以认识 DS_3 微倾式水准仪，学习仪器的使用方法及两点高差测量操作方法。

1）详细介绍 DS_3 微倾式水准仪的基本构造，讲解各个部件及其作用。

2）讲解 DS_3 微倾式水准仪的正确安置方法并示范。

3）介绍水准尺及其分划特点。

4）讲解仪器的使用流程并示范。要求学生掌握仪器的粗平、照准（检查并消除视差的方法）、精平、读数等环节的操作方法。

5）讲解两点高差测量方法并示范。

（2）学生分组操作练习，以掌握水准仪的使用步骤。水准仪在一个测站上的操作顺序为：安置仪器—粗略整平—瞄准水准尺—精确整平—读数。学生应依次独立完成各步骤的操作，具体步骤如下：

1）安置仪器。在测站上打开三脚架，按观测者的身高调节三脚架腿的高度，使三脚架架头大致水平，如果地面比较松软则应将三脚架的三个脚尖踩实，使脚架稳定。然后将水准仪从箱中取出平稳地安放在三脚架头上，一手握住仪器，一手立即用中心连接螺旋将仪器紧固在三脚架头上。

2）粗略整平。粗平调节，主要是调节三个脚螺旋直至圆水准器气泡居中，从而使仪器的竖轴处于大致铅垂位置。在整平的过程中，应把握操作规律：气泡移动的方向与左手大拇指旋动脚螺旋的旋进方向一致，而与右手大拇指旋动脚螺旋的旋进方向相反。若地面较坚实，可先固定三脚架两条腿，移动第三条腿使圆水准器气泡大致居中，然后再调节脚螺旋使圆水准器气泡居中。具体操作如下：

①首先旋转仪器至水准管面与其中两脚螺旋连线平行，然后相对转动此两个脚螺旋，使圆水准器的水准气泡移向两脚螺旋的中间位置。

②转动第三个脚螺旋，使气泡运动至圆水准器的中心。

熟练以后，可以将上述二步骤合二而一，同时进行调节，即在相对转动两个脚螺旋的同时，转动第三个脚螺旋，使圆水准气泡居中。

3）瞄准水准尺

①目镜调焦。将望远镜对着明亮的背景（如天空或白色明亮物体），转动目镜调焦螺旋，使望远镜内的十字丝成像清晰。

②初步瞄准。松开制动螺旋，转动望远镜，利用望远镜的照门和准星来粗瞄水准尺，大致进行物镜调焦，直至在望远镜内看到水准尺像，此时立即拧紧制动螺旋。

③物镜调焦和精确瞄准。转动物镜调焦螺旋进行仔细调焦，直至看到水准尺成像在十字丝分划板上，且尺分划清晰可见，调节时应注意消除视差。转动水平微动螺旋，使十字丝的竖丝对准水准尺的中间（或靠近水准尺的一侧）。

4）精平。转动微倾螺旋，从气泡观察窗内看到符合水准器气泡两端影像严密吻合（气泡居中），此时视线即为水平视线。注意微倾螺旋转动方向与符合水准器气泡左侧影像移动的规律。

5）读数与记录。仪器精平后，应立即读出十字丝横丝截取的水准尺对应数据，此即为横丝读数。观测者应先估读水准尺上毫米数（小于一格的估值），然后再将全部读数报出，一般应读出四位数，即米、分米、厘米及毫米数，且以毫米为单位。如 1.465m 可读记为 1465；0.590m 可读记为 0590。

读数应迅速、果断、准确，读数后应立即重新检视符合水准器气泡是否仍然居中，若居中，则读数有效，否则应重新调节至符合水准气泡居中后再读数。读取中丝读数后，还应读取上丝和下丝读数，并由记录员将所测数据记录在手簿上的相应栏目内。

（3）近距离两点高差测量。在地面选定两点作为后视点和前视点，放上尺垫并立上水准尺，在距两尺距离大致相等处安置水准仪，粗平，瞄准后视尺，精平后读数；再瞄准前视尺，精平后读数。

变换仪器高再进行观测，两次所测高差之差不得超过±6mm。

每位学生必须测两站。

2.1.6 注意事项

（1）安置仪器时，注意脚架高度应与观测者身高相适应，架头应大致水平，安置稳妥后方可利用中心螺旋固定仪器；严防仪器从脚架上掉下摔坏。

（2）整平仪器时，注意脚螺旋转动方向与圆水准气泡移动方向之间的规律，以提高速度。

（3）照准目标时，注意望远镜的正确使用，应特别注意检查并消除视差；注意倒像望远镜中水准尺图形与实际图形的变化。

（4）每次读数时，注意转动微倾螺旋，使符合水准气泡严格居中。

（5）记录、计算应正确、清晰、工整。实习完成后，将实习记录交指导教师审阅，验收合格后方可还仪器到实验室，下课。

2.1.7　实习记录

（1）水准仪由__________、__________、__________组成。

（2）水准仪粗略整平的步骤是：

____

____

（3）水准仪照准水准尺的步骤是：

____

____

（4）水准尺读数步骤是：

____

____

（5）消除视差的方法是：

____

____

（6）完整观测记录、计算资料一份（见实习报告中的水准仪读数及高差计算表）。

2.1.8　实习报告

班级：__________组号：__________姓名：__________日期：__________

（1）水准仪读数及高差计算。

测站	测点	后视读数	前视读数	高差		视距	备注
				+	−		

(2) 识别下列部件，简要写出它们的功能与作用。

部件名称　　　　　　　　　　　　　　功能与作用

脚螺旋与圆水准器

目镜对光筒

照门及准星

物镜对光螺旋

水平制动螺旋

水平微动螺旋

微倾螺旋与水准管

(3) 判断以下几个动作的先后次序并注明在括号中。

(　　) 旋转脚螺旋使圆水准器气泡居中。

(　　) 检查并消除视差。

(　　) 照准水准尺。

(　　) 读数。

(　　) 旋转目镜对光筒以看清十字丝。

(　　) 旋转微倾螺旋使水准管气泡居中。

(4) 在水准测量中，为什么要尽可能地使前后视距相等？

(5) 在读取中丝读数前，为什么要使符合水准气泡吻合？

2.2 等外水准路线测量实习

2.2.1 目的和要求

(1) 学习并掌握使用 DS_3 水准仪进行等外水准测量的作业方法。掌握等外水准测量单一水准路线的施测方法。

(2) 掌握闭合水准线路（附合水准线路及支水准线路）的布设、施测、记录和外业计算检核方法；学会在实地如何选择测站和转点，完成一个闭合水准路线的布设。

(3) 掌握等外水准测量手簿的记录、水准路线闭合差的计算及测量成果的处理方法。

2.2.2 实习任务

在指定的实习场地上布设一条等外闭合水准线路，并进行外业观测，填写观测数据，完成观测数据的计算及检核工作，最后进行测量成果内业处理。

2.2.3　组织和学时

每组 4～5 人，课内 2 学时。

2.2.4　仪器和工具

每组借 DS_3 微倾式水准仪 1 台、水准尺 1 对、尺垫 2 个，记录板 1 块。

2.2.5　方法和步骤

（1）由实习指导教师指定一已知水准点，每组在指定场地上布设一条闭合水准路线，其线路长度以安置 8 个测站为宜。一人观测、一人记录、两人立尺，施测两个测站后应轮换作业。

（2）等外水准测量施测程序如下：

1）以已知高程的水准点作为后视，在施测路线的前进方向上选取第一个立尺点（转点）作为前视点，水准仪置于距后、前视点距离大致相等的位置（用目估或步测），在后视点、前视点上分别竖立水准尺，转点上应放置尺垫。

2）在测站上，观测员按一个测站上的操作程序进行观测，即：仪器安置—粗平仪器—瞄准后视尺—精平仪器—读数—瞄准前视尺—精平—读数（本次实验可只读水准尺黑面）。

观测员读数后，记录员必须向观测员回报数据，经观测员许可后方可记入记录手簿，并立即计算高差，满足测站要求后才可迁站，进行下一个测站的测量工作，否则重测。

由此完成第一个测站的全部观测工作。

3）第一站结束之后，记录员招呼后标尺员向前转移，观测员将仪器迁至第二测站。此时，第一测站的前视点便成为第二测站的后视点。然后，依第一站相同的工作程序进行第二站的工作。依次沿水准路线方向施测直至回到起始水准点为止。

4）计算闭合水准路线的高差闭合差 $f_h=\sum h_{ij}$，高差闭合差不应大于 $\pm 40\sqrt{L}$（或 $\pm 12\sqrt{n}$）(mm)（其中 L 为水准线路总长，n 为水准线路的测站总数）。若未达到精度标准，必须重新观测，采集新的外业观测数据；若达到限差要求，则在内业计算表格内填写数据，进行内业成果处理，计算高差最或然值并推算待定点的高程。

5）水准测量外业工作结束后，应先仔细检查观测记录，算出各测段的高差，然后进行平差计算，求出各水准点的高程。

①计算高差闭合差 f_h 和高差闭合差容许值 $f_{h容}$。

$$f_h=\sum h_{ij}，\ f_{h容}=\pm 40\sqrt{L}(或\pm 12\sqrt{n})$$

若 f_h 小于或等于 $f_{h容}$，则进行后续计算，否则重测。

②计算高差改正数 v_i 和改正后的高差 h'_{ij}。

$$v_{ij}=-\frac{l_{ij}}{L}f_h 或 v_{ij}=-\frac{n_{ij}}{n}f_h$$

$$h'_{ij}=h_{ij}+v_{ij}$$

计算完毕，应满足 $\sum h'_{ij}=0$，否则应予重算。

③计算各待定点高程 H_i。

由已知点开始依据下式进行各待定点的高程推算：

$$H_j=H_i+h'_{ij}$$

直至推算到起点，其起点的计算高程应等于给定已知数据，否则重算。

以上计算过程及结果均应填入水准测量成果内业计算表中。

2.2.6 注意事项

（1）仪器安置位置应便于观测，安置时必须踩牢脚架，观测中不要碰动脚架，且应使各测站的前、后视距离大致相等。

（2）标尺员应认真将水准尺扶直，水准尺上若带有圆水准器，应使其气泡居中；若无圆水准器，则应摇尺，并截取最小读数。

（3）照准时注意消除视差，每次读数时注意符合水准管气泡应严格吻合。

（4）同一测站，只能用脚螺旋整平圆水准器气泡居中一次（该测站返工重测应重新整平圆水准器）。

（5）正确使用尺垫，尺垫只能放在转点处，已知水准点和待测点上不得放置尺垫。

（6）每站的水准视距长度应小于 80m；中丝最小尺读数不得小于 0.3m，最大不得超过 2.7m。

（7）在转点上立尺，应立于尺垫半球形顶面的最高处。

（8）仪器未搬迁时，前、后视点上尺垫均不能移动。仪器搬迁了，后视扶尺员才能携尺和尺垫前进，但前视点上尺垫仍不得移动。

（9）若采用双面尺法进行测站检核，每一测站黑、红面高差之差不应大于±6mm。

2.2.7 应交资料

（1）完整的外业数据记录及检核计算资料一份。

（2）等外水准路线计算成果一份。

2.2.8 实习报告

班级：________组号：________姓名：________日期：________

（1）水准线路各测段外业数据记录及检核计算。

测站	测点	后视读数	前视读数	高差		视距	备注
				+	−		
计算检核							

（2）等外水准线路内业成果计算。

点　号	距离/km	高差/m	改正数/mm	改正后高差	高程/m
Σ					

（3）水准测量时，转点的作用是什么？尺垫有何作用？在哪些点上需要放置尺垫？哪些点上不能放置尺垫？为什么？

（4）水准尺倾斜对水准尺读数有什么影响？

2.3　水准仪的检验与校正

2.3.1　目的和要求

（1）了解水准仪的构造及原理。

（2）掌握水准仪的主要轴线及它们之间应满足的条件。

（3）熟悉水准仪的检验和校正方法。

2.3.2　实习任务

每组完成水准仪的圆水准器、十字丝横丝、水准管平行于视准轴（i 角）三项基本检验。

2.3.3　组织和学时

每组 4～5 人，课内 2 学时。

2.3.4 仪器和工具

每组借 DS_3 微倾式水准仪 1 台、水准尺 1 对、尺垫 2 个，记录板 1 块。

2.3.5 方法和步骤

1. 圆水准器轴平行于仪器竖轴的检验与校正

（1）检验方法。安置仪器后，调节脚螺旋使圆水准器气泡居中，然后将望远镜绕竖轴旋转 180°，此时若气泡仍然居中，说明此项条件满足；若气泡偏离中心位置，说明此项条件不满足，应进行校正。

（2）校正方法。校正时，用校正针拨动圆水准器下面的三个校正螺钉，使气泡向居中位置移动偏离长度的一半，这时圆水准器轴与竖轴平行；然后再旋转脚螺旋使气泡居中，此时竖轴处于竖直位置。拨动三个校正螺钉前，应一松一紧，校正完毕后注意把螺钉紧固。校正必须反复数次，直到仪器转动到任何方向气泡都居中为止（校正过程原则上不要求学生进行，若必须练习，应在实习指导老师的指导下进行操作。以下各项要求相同）。

2. 十字丝横丝垂直于仪器竖轴的检验与校正

（1）检验方法。水准仪整平后，用十字丝横丝的一端瞄准与仪器等高的一固定点。固定制动螺旋，然后用水平微动螺旋缓缓地转动望远镜。若该点始终在十字丝横丝上移动，说明此条件满足；若该点偏离横丝，表示条件不满足，需要校正。

（2）校正方法。旋下靠目镜处的十字丝环外罩，用螺钉旋具松开十字丝环的四个固定螺钉，按横丝倾斜的反方向转动十字丝环，使横丝与目标点重合。再进行检验，直到目标点始终在横丝上相对移动为止，最后旋紧十字丝环固定螺钉，盖好护罩。

3. 水准管轴平行于视准轴的检验与校正

（1）检验方法

1）在较平坦的地面上选定相距 80～100m 的 A、B 两点，分别在 A、B 两点打入木桩，在木桩上竖立水准尺。将水准仪安置在 A、B 两点中间，使前后视距相等，精确整平仪器后，依次照准 A、B 两尺进行读数，读数分别为 a_1、b_1，计算 A、B 两点间的正确高差为

$$h_{AB}=a_1-b_1=(a+x)-(b+x)=a-b$$

用变化仪器高法测出 A、B 两点的两次高差，两次测得的高差小于 5mm 时，取平均值 h_{AB}作为最后结果。

2）将水准仪搬至距离 A 点（或 B 点）约 2～3m 处，仪器精平后读取横丝读数 a_2 和 b_2，其中 a_2 为正确读数。根据 a_2 和正确高差 h_{AB}计算出 B 尺视线水平时的正确读数 b_2'

$$b_2'=a_2-h_{AB}$$

若 $b_2'=b_2$，说明两轴平行，否则有 i 角存在。

i 角值可根据下式计算：

$$i=\frac{b_2-b_2'}{D_{AB}}\rho$$

当 $i>0$ 时，说明视准轴向上倾斜；当 $i<0$ 时，说明视准轴向下倾斜。

规范中规定 DS_3 型水准仪的 i 角大于 20″时需要进行校正。

（2）校正方法。水准仪不动，转动微倾螺旋使十字丝的横丝切于 B 尺的正确读数 b_2' 处，

此时视准轴处于水平位置，而水准管气泡偏离中心。用校正针先拨松水准管左右端校正螺钉，再拨动上、下两个校正螺钉，一松一紧，升降水准管的一端，使偏离的气泡重新居中。此项校正需反复进行，直至达到要求后再将松开的校正螺钉拧紧。

2.3.6 注意事项

其注意事项同前面两项实习。另外，在进行第三项检验时，应在平坦场地上选择一段长度大约为 80～100m 的地面直线，并应丈量其直线距离，确定其中点位置，以便测量出两点的正确高差（即真实高差）。

2.3.7 实习记录

1. 圆水准器轴平行于仪器竖轴的检验

圆水准器气泡居中后，将望远镜旋转 180°后，气泡__________（填“居中”或“不居中”）。

2. 十字丝横丝垂直于仪器竖轴的检验

在墙上找一点，使其恰好位于水准仪望远镜十字丝左端的横丝上，旋转水平微动螺旋，用望远镜右端对准该点，观察该点__________（填“是”或“否”）仍处于十字丝右端的横丝上。

3. 水准管轴平行于视准轴的检验

<table>
<tr><th></th><th colspan="2">立尺点</th><th>水准尺读数</th><th>高差</th><th>平均高差</th><th>是否要校正</th></tr>
<tr><td rowspan="4">仪器在 A、B 点中间位置</td><td colspan="2">A</td><td></td><td rowspan="2"></td><td rowspan="4"></td><td rowspan="8"></td></tr>
<tr><td colspan="2">B</td><td></td></tr>
<tr><td rowspan="2">变更仪器高后</td><td>A</td><td></td><td rowspan="2"></td></tr>
<tr><td>B</td><td></td></tr>
<tr><td rowspan="4">仪器在离 B 点较近的位置</td><td colspan="2">A</td><td></td><td rowspan="2"></td><td rowspan="4"></td></tr>
<tr><td colspan="2">B</td><td></td></tr>
<tr><td rowspan="2">变更仪器高后</td><td>A</td><td></td><td rowspan="2"></td></tr>
<tr><td>B</td><td></td></tr>
</table>

2.3.8 实验思考题

（1）水准仪有哪几条主要轴线？理论上其相互间应满足何种几何条件？

（2）简述水准管轴平行于视准轴的检验原理。

2.4 DJ_6型经纬仪的认识与使用

2.4.1 目的和要求

（1）了解 DJ_6 光学经纬仪的基本构造，熟悉仪器主要部件及其作用。

（2）掌握 DJ_6 光学经纬仪的安置方法，能进行仪器的对中及整平操作。

（3）掌握 DJ_6 光学经纬仪的使用方法和分微尺测微器读数方法。

（4）掌握 DJ_6 光学经纬仪水平度盘的配置方法。

2.4.2 任务

了解 DJ_6 型经纬仪的各个部件的功能，掌握经纬仪对中、整平的操作。练习水平度盘读数和水平度盘的配置方法。

2.4.3 组织和学时

每组 4～5 人，课内 2 学时。

2.4.4 仪器和工具

每组借 DJ_6 型经纬仪一台，配套脚架一个，标杆两只。

2.4.5 方法和步骤

首先由实习指导老师讲解经纬仪的基本构成及相关部件的功能，再介绍仪器的基本使用方法，并予以操作示范，然后分组练习，老师巡回指导。

1. 认识经纬仪各部件

经纬仪由照准部、水平度盘和基座三个部分组成。

（1）照准部

1）望远镜。用于照准远处的观测目标，主要由物镜、目镜、对光透镜及十字丝分划板构成。观测时，先用目镜螺旋调焦直至十字丝清晰，然后利用望远镜上粗瞄准器找到观测目标，用物镜调焦螺旋调焦直至物像稳定清晰，进而用十字丝瞄准。十字丝与目标同时清晰，即消除了视差。

2）照准部水平制动、微动螺旋和望远镜制动、微动螺旋。在使用该两组螺旋时，注意：只有当制动螺旋先制紧后，微动螺旋才能起微动的作用。在照准目标时，要遵照先制动后微动，先松开制动螺旋才能转动仪器的原则。

3）竖直度盘、竖盘指标水准管及其调节螺旋（或自动调节装置）。竖直度盘是用光学玻璃制作的圆盘，一般按基本分划为 1°刻划制成，其注记 0°～360°，用来测量竖盘读数以计算目标直线的竖直角；竖盘指标水准管螺旋用于调节指标水准管气泡，读数时使竖盘指标水准管气泡居中。

4）照准部水准管。用于判断仪器是否精确水平，整平时可调节三个脚螺旋，使照准部水准管气泡居中。

（2）水平度盘及度盘配置装置

1）水平度盘。结构与竖直度盘相同，用于测量水平角，但应注意：水平度盘的注记方向为顺时针旋转，DJ_6 经纬仪的度盘分划值为 60′。

2）水平度盘变换手轮与水平度盘读数的配置。该手轮用来配置目标方向的水平度盘数值，以配合进行水平角测量。仪器设有反光镜，用来照亮水平度盘刻划和竖直度盘刻划。

水平角观测中，要求各测回起始方向的水平度盘读数均匀分布在水平度盘规定位置，以减小水平度盘分划误差的影响。

配置方法：在盘左状态下，转动照准部使望远镜瞄准所测角度的起始方向目标，然后打开度盘变换钮的盖子（或控制杆），转动变换钮，同时观察读数窗的度盘读数使之满足规定的要求（使其为规定的方向值），关闭度盘变换钮的盖子（或控制杆），这样该方向的水平度盘读数便配置好了。

3）读取度盘读数。当照准观测目标后，即可观察读数显微镜读数窗口读取目标读数。读取度盘读数时，先读整度数，然后读取整分数，最后估读秒数。估读秒数时，先估读到一小格的 1/10，即 0.1′，再将其换算成秒数，如 0.6′为 36″。每个方向要求读两次，取其平均值，作为该方向的最后观测值，并记入数据表格。

（3）仪器基座

1）连接底板。基座借助其与仪器脚架头的中心螺旋相连接，把仪器固定在三脚架的架头上。

2）脚螺旋。用于整平仪器。应该指出：先要使三脚架架头大致水平之后，才能用三个脚螺旋来整平仪器。

（4）认识经纬仪的四条轴线。四条轴线为：视准轴、仪器横轴（也称水平轴）、仪器竖轴、照准部水准管轴。

四条轴线理论上应满足的几何关系：水准管轴垂直于竖轴、视准轴垂直于水平轴、水平轴垂直于竖轴。这样，当水准管轴水平时，则竖轴与铅垂线方向一致，同时水平轴水平，从而保证望远镜绕水平轴上下转动时视准轴的运行轨迹为一竖直面。

2. 经纬仪的使用方法

首先在指定地点的地面上设立固定的地面点标志（作角度顶点），并距离地面点标志 30～40m 的两个方向上安置标杆以设置观测目标，然后由实习指导老师讲解并示范，最后各小组根据老师讲解的步骤及方法安置并使用仪器。

（1）仪器安置。

1）三脚架对中。将三脚架安置在地面点标志上。要求：根据观测者身高调至适当高度，使架头大致水平，架头中心大致对准地面点标志，且稳固可靠。

伸缩三脚架架腿调整三脚架高度，在架头中心处自由落下一小石头，观其落下点位与地面点的偏差，若偏差在 3cm 之内，则实现大致对中。三脚架的架腿尖头尽可能插进土中。

2）经纬仪对中。这是精密对中的工作，现在多采用光学对中方法进行仪器对中。

首先，从仪器箱中取出经纬仪并放在三脚架架头上（手不放松），位置适中。另一手把中心螺旋（在三脚架头内）旋进经纬仪的基座中心孔中，使经纬仪与三脚架架头紧固连接在一起。然后进行光学对中器对光（转动或拉动目镜调焦螺旋），以看清光学对中器的分划板和地面，同时根据地面情况辨明地面点的大致方位。两手转动脚螺旋，同时眼睛在光学对中器目镜中观察分划板标志与地面点的相对位置不断发生变化情况，直到分划板标志与地面点重合为止，则用脚螺旋光学对中完毕。

最后进行三脚架整平，具体操作为：任选三脚架的两个脚腿，转动照准部使管水准器的管水准轴与所选的两个脚腿地面支点连线平行，升降其中一脚腿使管水准器气泡居中；再转动照准部使管水准轴转动 90°，升降第三脚腿使管水准器气泡居中，此时仪器的圆水准器气泡也应居中。

必须注意：升降脚腿时不能移动脚腿地面支点。升降时左手指抓紧脚腿上半段，大拇指按住脚腿下半段顶面，并在松开架腿旋钮时以大拇指控制脚腿上下半段的相对位置实现渐进的升降，管水准气泡居中时拧紧架腿旋钮。整平时水准器气泡偏离零点少于 2 或 3 格。三脚架整平工作应重复一两次。

3）仪器精确整平。任选两个脚螺旋，转动照准部使管水准轴与所选两个脚螺旋中心连线平行，相对转动两个脚螺旋使管水准器气泡居中。管水准器气泡在整平中的移动方向与转动脚螺旋左手大拇指运动方向一致。转动照准部 90°，旋动第三脚螺旋使管水准器气泡居中。重复此两步操作使照准部管水准器气泡精确居中。

（2）目标照准。仪器安置好后，即可旋转仪器照准观测目标。要求先取盘左位观测，再进行盘右观测。照准目标时，应消除视差，并用十字丝分划板中心对准地面观测目标。

被瞄准的地面点上应设立观测目标，目标中心应设在地面点的垂线上。

1）一般瞄准方法：正确做好对光工作，先使十字丝像清楚，后使目标像比较清楚；大致瞄准，即松开水平、垂直制动螺旋（或制动卡），按水平角观测要求转动照准部使望远镜的准星对准目标，拧紧制动螺旋（或制动卡）；精确瞄准，即转动水平、垂直微动螺旋，使望远镜的十字丝像的中心部位与目标有关部位相符合。

2）水平角测量的精确瞄准：要求目标像与十字丝像靠近中心部分的纵丝相符合；如果目标像比较粗，则用十字丝的单纵丝平分目标；如果目标像比十字丝的双纵丝的宽度细，则目标像平分双纵丝。

（3）读数。每次照准目标后，即可在读数窗口中读取度盘方向读数，观测时应分两个盘位分别照准并读数，最终取两读数的平均值为目标方向的观测值。

读数时应注意：

1）读数窗的视场明亮度要好。如果明亮度差，则应调整采光镜，让更多的光进入光学系统，使读数窗视场清晰。

2）按不同的角度测微方式读数，精确到测微窗分划的 0.1 格。如按分微尺测微方式读数，直接从读数窗读度数和分微尺上的分估读到 0.1′。

3）在观测中，读数与记录“有呼有应，有错即纠”，即记录者对读数回报无误后再记；纠正记错的原则“只能划改，不能涂改”。划改，即将错的数字划上一斜杆，在错字附近写上正确数字。

4）最后的读数值应化为度、分、秒的单位。

2.4.6 注意事项

（1）在实习老师讲解前，不得擅自打开仪器箱，取出仪器任意拨弄，以免在初用仪器时，由于不了解其性能而损坏仪器。

（2）开箱取出仪器时，必须记住仪器在箱内存放的位置，以免使用后装箱时产生困难；仪器装箱前先把各制动螺旋松开，以防止螺旋受到磨损。对直立放置的仪器，待放妥后再将各制动螺旋适当拧紧。

（3）安置仪器时，应先将三脚架安置稳固，且使架头大致水平，然后再取出仪器。在安置过程中，当未拧紧中心螺旋使仪器紧固于脚架上时，切不可双手脱开仪器。

（4）在整平仪器之前，应将三个脚架螺旋的螺距调到大致相等的高度，最好是其中部位置；在操作中，各制动螺旋勿拧得过紧，微动螺旋勿拧至最末端；转动仪器勿用力过猛，严禁在制动的情况下强行转动仪器。

（5）如仪器发生故障、旋转不灵，应立即报告指导老师检查原因，严禁自行修理。

2.4.7　实习报告

班级：__________组号：__________姓名：__________日期：__________

（1）方向读数记录表。

目　标	盘左读数（° ′ ″）	盘右读数（° ′ ″）	$2c$	$\frac{1}{2}(L+R\pm180°)$（° ′ ″）	方向值（° ′ ″）

（2）识别下列部件，简要写出各它们的功能与作用。

部件名称　　　　　　　　　　　　功能与作用

圆水准器

照准部水准管

水平度盘

竖直度盘

制动螺旋

微动螺旋

竖盘指标水准管

（3）DJ_6 型经纬仪其观测目标的度盘读数为什么要估读到 6″？

（4）经纬仪操作时为何要进行对中、整平操作？

（5）水平度盘换盘手轮所起的作用是什么？

2.5 测回法测水平角

2.5.1 目的与要求

（1）掌握仪器对中、整平的方法。

（2）掌握测回法测水平角的观测、数据记录和角度计算方法。

（3）要求仪器对中误差不得超过 2mm；仪器整平时，照准部水准管气泡偏离中心不超过 1 格。

（4）用测回法观测两个方向所形成的水平角，每人至少有一个测回的合格成果。

2.5.2 实习任务

在认识经纬仪的基础上重点训练仪器的对中及整平操作，观测指定的两个方向的水平夹角两个测回。

2.5.3 组织和学时

每组 4～5 人，课内 2 学时。

2.5.4 仪器和工具

每小组在实验室领取 DJ_6 经纬仪一台，脚架一个，花杆两根及水平角观测记录表格。自带铅笔。

2.5.5 方法和步骤

1. 安置经纬仪

（1）对中。对中的目的是使仪器度盘中心与测站点在同一条铅垂线上。

调节好光学对中器，固定三脚架的一条腿于适当位置作为支点，两手分别握住另外两条腿提起并作前后左右的微小移动，在移动的同时，从光学对中器中观察，使对中器的中心小圆圈正对地面标志中心，然后放下两架腿，固定于地面上。此时照准部并不水平，应分别调节三脚架的三个架腿高度（脚架支点位置不得移动），使仪器上的圆水准气泡居中，完成对中操作。

（2）整平。整平时，旋转脚螺旋使照准部的水准管气泡居中，以使水平度盘处于水平位置，竖轴竖直。

1）转动照准部，使水准管与一对脚螺旋的连线相平行，两手按相反方向转动这对脚螺旋（左手拇指运动的方向与气泡移动的方向是一致的），使气泡居中。

2）将照准部旋转 90°，若气泡仍然居中，则已整平。否则，只转动第三个脚螺旋，重新使气泡居中。

3）重复前面 1）、2）步操作，直到仪器照准部转到任何一个位置气泡均居中为止。

2. 测回法水平角观测

（1）将竖盘置于望远镜左侧（称盘左），用竖丝瞄准所测角度的起始方向目标，拧紧照准部水平制动螺旋，并配置度盘；调节度盘换盘手轮，使水平度盘读数略大于 0°，关上度盘换盘手轮的保险装置，检查竖丝是否仍瞄准目标 A（否则应重新瞄准）。若已精确瞄准目标（即竖丝平分目标，也可以使竖丝都切准目标的左边或右边），便在读数显微镜中读取 A 方向的水平度盘读数，记录于观测手簿（本例为 0°00′18″）。

松开制动螺旋，顺时针转动照准部，精确照准右边目标 B，读取 B 方向上的水平度盘读数（50°25′36″），并作记录。

以上操作称为上半测回，用 B 目标的水平度盘读数减去 A 目标的读数，即得上半测回测得的水平角，本例为 50°25′18″。

（2）倒转望远镜使竖盘在望远镜右边（称盘右）位置。注意，为检核及消除仪器误差对测角的影响，此时的观测顺序是：先观测右边的 B 目标，再观测左边的 A 目标，此即下半测回观测。记录及计算格式见下表所示。

上、下半测回合起来称为一测回。为了及时发现观测错误，当进行下半测回时，应对读数进行检核，其方法是：盘左、盘右对准同一个目标的水平度盘读数之差，理论上应为 180°，但由于仪器误差，瞄准误差及估读误差等原因，其差值一般不可能正好为 180°。规范规定：两半测回所测角值互差不得超过±40″。

第二测回的观测步骤与第一测回类似，但需按式 180°/n（n 为测回数）计算测回间隔值，并完成起始方向的度盘配置，即进行第二测回的盘左观测时，当瞄准 A 目标后，调节水平度盘变换手轮，使度盘读数略大于 90°（n 为 2）。第二测回观测完毕后，比较两个测回的角值，如角值差不大于 40″，则取两测回角值的平均值作为所测角的最后结果。否则应重新观测，直至有两个测回满足上述规定为止。

测回法水平角观测手簿

日期　　班级　　作业组　　观测者

天气　　仪器型号 J_6　　记录者

测　站	目　标	竖盘位置	水平度盘读数（°　′　″）	半测回角值（°　′　″）	一测回角值（°　′　″）	各测回平均角值（°　′　″）	备　注
O	A	左	0　00　18	50　25　18	50　25　09	50　25　09	
	B	左	50　25　36				
	A	右	180　00　00	50　25　00			
	B	右	230　25　00				
	A	左	90　00　24	50　25　12	50　25　09		
	B	左	140　25　36				
	A	右	270　00　18	50　25　06			
	B	右	320　25　24				

2.5.6 注意事项

（1）每一个测回中，先用盘左位置，自左至右顺时针观测；然后再用盘右位置，自右至左逆时针观测。

（2）每测回中，只需在盘左位置的第一个目标上按 $180°/n$ 的间隔值来配置度盘读数。

（3）瞄准目标时，一定要消除视差。

（4）尽可能照准观测目标的底部。

（5）在观测中，千万不要动轴座上的中轴固定螺旋。

2.5.7 应交资料

实测合格的一个测回观测手簿。

2.5.8 实习报告

班级：__________组号：__________姓名：__________日期：__________

（1）经纬仪测角前安置的步骤是什么？

（2）简述测回法测水平角的观测步骤。

（3）经纬仪测回法观测水平角时，为什么要配置度盘？若测四个测回，该怎么配置度盘？

（4）测回法水平角观测记录手簿。

日期　　　　班级　　　　作业组　　　　观测者

天气　　　　仪器型号 J_6　　　　记录者

测　站	竖盘位置	目　标	度盘读数 (°　′　″)	半测回角值 (°　′　″)	一测回角值 (°　′　″)	各测回平均角值 (°　′　″)	备　注

2.6　测回法测竖直角

2.6.1　目的与要求

（1）掌握测回法测竖直角的观测和角度计算方法。

（2）掌握竖盘指标差的测定方法。

（3）要求每人独立测定本组所使用仪器的指标差，并测量地面某目标直线的竖直角。

2.6.2 任务

在认识经纬仪的基础上重点训练对中、整平操作，观测指定目标直线竖直角两个测回。

2.6.3 组织和学时

每组 4～5 人，课内 2 学时。

2.6.4 仪器和工具

每小组在实验室领取 DJ_6 经纬仪一台，脚架一个，标杆两根。自带铅笔。

2.6.5 方法和步骤

（1）安置经纬仪：在选好的测站点上对中整平经纬仪。

（2）取盘左位置。松开水平制动螺旋，使望远镜粗略照准目标后，拧紧望远镜竖直和水平制动螺旋，再转动望远镜竖直和水平微动螺旋，使横丝精确切准目标。

（3）转动指标水准管微动螺旋，使指标水准管气泡居中，再检查横丝是否离开目标，当指标水准管气泡居中，同时横丝切准目标时，读取竖盘读数（L），并记录于竖角观测手簿相应栏中，见下表。

（4）再以盘右位置按上述操作步骤及要求测出盘右读数（R）。

竖直角观测记录手簿

日期__________ 观测者__________

天气__________ 仪器__________ 记录者__________

<table>
<tr><th>测 站</th><th>目 标</th><th>盘 位</th><th>竖盘读数
(° ′ ″)</th><th>半测回角值
(° ′ ″)</th><th>两倍指标差
(° ′ ″)</th><th>一测回竖角
(° ′ ″)</th><th>各测回角平均值
(° ′ ″)</th></tr>
<tr><td rowspan="4"></td><td rowspan="2">A</td><td>左</td><td>81 12 18</td><td>+8 47 42</td><td rowspan="2">+1 48</td><td rowspan="2">+8 46 48</td><td rowspan="4">+8 46 50</td></tr>
<tr><td>右</td><td>278 45 54</td><td>+8 45 54</td></tr>
<tr><td rowspan="2">A</td><td>左</td><td>81 12 00</td><td>+8 48 00</td><td rowspan="2">+2 18</td><td rowspan="2">+8 46 51</td></tr>
<tr><td>右</td><td>278 45 42</td><td>+8 45 42</td></tr>
</table>

注 在同一测站上，两倍指标差的变化范围允许在 1′以内。

（5）计算指标差 $x\left(x=\dfrac{360°-L-R}{2}\right)$，填入观测手簿。

（6）计算竖直角，盘左观测时 $\alpha=90°-L-x$；盘右观测时 $\alpha=R-270°+x$。

2.6.6 注意事项

（1）每次读取竖盘读数之前，一定要使竖盘指标水准管气泡居中（或打开自动补偿器）。

（2）测定竖角时，必须用横丝切准目标（称横丝法）。

（3）竖角应记录"+"、"−"号，以表示仰、俯角。

2.6.7 实习报告

班级：__________组号：__________姓名：__________日期：__________

（1）竖直角测回法观测记录手簿。

竖直角观测记录手簿

日期　　　　　　班级　　　　　　作业组　　　　　　观测者
天气　　　　　　仪器型号　　　　　　　　　　　　　记录者

测　站	目　标	盘　位	竖盘读数 (°　′　″)	半测回值 (°　′　″)	两指标差 (°　′　″)	一测回值 (°　′　″)	平均角值 (°　′　″)	备　注

（2）竖直角读数之前为什么要将竖盘指标水准管调平？

（3）写出竖直角盘左、盘右计算的公式，并推出一测回竖直角计算式。

（4）试推导竖盘指标差的公式。

2.7　DJ_2 光学经纬仪的认识与使用

2.7.1　目的和要求

（1）认识 DJ_2 光学经纬仪的基本构造及各操作部件的名称和作用，了解使用方法。

（2）了解 DJ_2 光学经纬仪的操作方法和学会 DJ_2 光学经纬仪读数方法。

2.7.2　任务

认识 DJ_2 光学经纬仪，通过具体的操作练习以掌握仪器的安置方法，并通过照准 4～6

个不同的目标后，读取各水平度盘读数及竖盘读数来学会 DJ_2 光学经纬仪的读数方法。

2.7.3 组织和学时

每组 4～5 人，课内 2 学时。

2.7.4 仪器和工具

每组借 DJ_2 光学经纬仪一台，配套脚架一个。

2.7.5 方法和步骤

（1）由实习指导教师介绍 DJ_2 光学经纬仪的各个部件及其作用。

（2）由指导教师讲解 DJ_2 光学经纬仪安置的方法并示范；并介绍基本操作方法及读数方法。学生依据老师的讲解及示范进行如下操作练习。

（3）概略安置（即仪器的对中）。打开脚架，置于地面点的正上方，并使架头大致水平，高度与观测者身高相适应；装上仪器，拧紧中心螺旋；调节光学对点器，看清地面点；转动脚螺旋，使光学对点器对准地面点；用升降架腿的方法使圆水准器气泡居中（操作方法与 DJ_6 相同）。

（4）精确安置（及仪器的整平）。转动脚螺旋，使照准部水准管在两个相垂直的方向上气泡均严格居中；检查光学对中器是否仍对准地面目标；若偏离，则松开中心螺旋，平移（不可旋转）仪器，使之对准；再检查照准部水准管是否仍居中。如此反复进行，直到既精确对中又精确整平为止。

（5）照准目标。借助两对制动和微动螺旋，用望远镜照准所选定的目标点，特别要注意检查并消除视差。

（6）读数。DJ_2 光学经纬仪均采用对径符合读数装置，且新型号已经是部分数字显示。多数 DJ_2 光学经纬仪照准部装有换像手轮，当其处于两个不同位置时，可在读数显微镜内分别观测到水平度盘或竖盘的影像。读数时，须先转动测微轮，使度盘对径分划线符合，然后直读度、分、秒，估读至 $0.1''$。每个同学必须读取 4～6 个水平度盘方向读数和竖盘方向读数，同时将其对应地填入外业数据表内，学会填表及计算角度。

2.7.6 注意事项

（1）在任何情况下，不得松动基座上的照准部固定螺钉，以免仪器滑脱而损坏。

（2）使用各制动螺旋，达到制动目的即可，不可强力旋转。

（3）各微动螺旋应始终使用其中部，不可过量旋转。

（4）测微轮应轻转，到头后，应退回再转，不可过量旋转或强力旋转。

（5）对径符合时，应注意测微轮的“旋进”方向。

（6）照准目标。必须检查并消除视差。

（7）竖盘读数。应在竖盘指标自动归零补偿器正常工作，竖盘分划线稳定而无摆动时读取。

（8）仪器装箱前后，竖盘读数指标自动归零补偿器装置必须处于关闭状态。

2.7.7 实习报告

班级：__________组号：__________姓名：__________日期：__________

（1）何谓视差？产生视差的原因是什么？观测时如何消除视差？

（2）安置经纬仪时，对中和整平的目的是什么？若用光学对中器应如何进行？

（3）水平方向读数记录表。

目　标	盘左读数（° ′ ″）	盘右读数（° ′ ″）	$2c$	$\frac{1}{2}(L+R\pm180°)$（° ′ ″）	方向值（° ′ ″）

（4）竖直目标读数表。

目　标	盘左读数（° ′ ″）	盘右读数（° ′ ″）	$2c$	$\frac{1}{2}(L+R\pm180°)$（° ′ ″）	方向值（° ′ ″）

2.8 经纬仪的检验与校正

2.8.1 目的和要求

（1）了解经纬仪的构造及原理。

（2）掌握经纬仪的主要轴线及它们之间应满足的几何条件。

(3) 熟悉经纬仪的检验和校正方法。

2.8.2 实习任务

每组完成经纬仪的基本检验项目。

2.8.3 组织和学时

每组 4～5 人，课内 2 学时。

2.8.4 仪器和工具

每组借经纬仪 1 台、脚架 1 个、记录板 1 块。

2.8.5 方法和步骤

1. 照准部水准管轴应垂直于竖轴的检验和校正

(1) 检验。首先将仪器大致整平，旋转照准部使其水准管与任意两个脚螺旋的连线平行，调整此两个脚螺旋使气泡居中，然后将照准部旋转 180°，若气泡仍然居中，则说明该项条件满足，否则应进行仪器校正。

经检验照准部水准管气泡偏离__________格。

(2) 校正。当条件不满足时，仪器应校正。校正的目的是使水准管轴与竖轴垂直。校正时先用校正针拨动水准管一端的校正螺钉，使气泡向正中间位置退回一半；然后，再用脚螺旋使气泡居中即可。此检验和校正须反复进行，直到满足条件为止。

2. 十字丝竖丝应垂直于横轴的检验和校正

(1) 检验。用十字丝竖丝精确瞄准远处一清晰目标点，旋转望远镜微动螺旋，使望远镜绕横轴上下转动，若小点始终在竖丝上移动则条件满足，否则应进行校正。

经检验：所观察点__________（填“是”或“否”）仍位于十字丝下端的竖丝上。

(2) 校正。校正时，卸下目镜端的十字丝分划板护罩，松开四个压环螺钉，缓慢转动十字丝，直到望远镜微动螺旋旋动时，小点始终在十字丝竖丝上移动为止。最后应旋紧四个压环螺钉，并盖上分划板护罩。

3. 视准轴应垂直于横轴的检验和校正

(1) 检验。在一平坦场地上，选择相距约 100m 的 A、B 两点，安置仪器于 AB 连线的中点 O，在 A 点设置一个与仪器高度相等的标志，在 B 点与仪器高度相等的位置横置一把刻有 mm 分划的直尺，并使其垂直于直线 AB。先盘左瞄准 A 点标志，固定照准部，然后倒转望远镜，在 B 尺上读得读数为 B_1；再盘右瞄准 A 点标志，固定照准部，然后倒转望远镜，在 B 尺上读得读数为 B_2。若 $B_1=B_2$，说明视准轴垂直于横轴，否则应校正仪器。

用皮尺量得：$OB=$__________。

B_1 处读数为__________，B_2 处读数为__________，$B_1B_2=$__________。

经计算得：$c''=\frac{B_1B_2}{4OB}\rho''=$__________。

(2) 校正。校正时，由 B_2 点向 B_1 点量取 B_1B_2 长度的 1/4 得到 B_3 点，此时 OB_3 便垂直于横轴 HH，用校正针拨动十字丝环的左右一对校正螺钉，先松开其中一个校正螺钉，后紧另一个校正螺钉，使十字丝交点与 B_3 重合。完成校正后，应重复上述的检验操作，直至满足要求为止。

4. 横轴应垂直于竖轴的检验和校正

（1）检验。在一面高墙上固定一个清晰的照准标志 P，在距离墙面约 20～30m 的位置安置经纬仪（一般要求瞄准目标的仰角超过 30°），盘左瞄准 P 点，固定照准部，然后旋转望远镜微动螺旋使视准轴水平，在墙面上定出一点 P_1；纵转望远镜使其为盘右位，瞄准 P 点，然后旋转望远镜微动螺旋使视准轴水平，在墙面上定出一点 P_2。量取 P_1P_2 的距离为 S，量取测站至 P 点的水平距离为 D，并用经纬仪观测 P 点的竖直角一测回，其值为 α，则可依据公式计算出横轴误差 i 为

$$i=\frac{S\cot\alpha}{2D}\rho''$$

若计算出的 i 角超过±20″，则必须对仪器进行校正。

用皮尺量得：$D=$__________。

用经纬仪测得竖直角如下表。

测　点	目　标	竖盘位置	竖盘读数 (°　′　″)	半测回竖直角 (°　′　″)	指标差 (″)	一测回竖直角 (°　′　″)
		左				
		右				

用小钢尺量得：$S=$__________。

经计算得：$i=\frac{S\cot\alpha}{2D}\rho''=$____________________。

（2）校正。打开仪器的支架护盖，调整偏心轴承环，抬高或降低横轴一端使 $i=0$。该项校正需要在无尘的室内环境中，使用专用的平行光管进行操作，当用户不具备条件时，一般交专业维修人员校正。

5. 竖盘指标差的检验和校正

（1）检验。安置好仪器，用盘左、盘右观测某个清晰目标的竖直角一测回（注意：每次读数之前，务必使竖盘指标水准管气泡居中，或打开竖盘指标自动归零补偿器进行补偿），计算出指标差 x 为：$x=\frac{1}{2}(\alpha_R-\alpha_L)=\frac{1}{2}(R+L)-180°$。

若指标差 x 超过规定的限差则应校正。对 J_6 经纬仪，其指标差 x 变化容许值不得大于 25″。

（2）校正。校正时，先计算出消除了指标差 x 的盘右的竖盘读数 $R-x$，然后旋转竖盘指标水准管微动螺旋，使竖盘读数为 $R-x$，此时竖盘指标水准管气泡必不居中。用校正针拨动竖盘指标管水准器的校正螺钉，使气泡居中。该项校正应反复进行，直至达到规定的限差要求。

2.8.6　注意事项

（1）实验课前，各组要准备几张画有十字线的白纸，用作照准标志。

（2）要按实验步骤进行检验、校正，不能颠倒顺序。在确认检验数据无误后才能进行校正。

（3）每项校正结束时，要旋紧各校正螺钉。

（4）选择检验场地时，应顾及视准轴和横轴两项检验，既可看到远处水平目标，又能看到墙上高处目标。

（5）每项检验后应立即填写经纬仪检验与校正记录表中相应项目。

2.8.7 上交资料

每人上交一份“经纬仪检验与校正记录表”。

2.8.8 实习思考题

（1）根据水平角测量原理，试说明经纬仪轴系间应满足的几何关系。

（2）采用盘左、盘右取平均的观测方法，可以减弱或消除哪些方面引起的误差？

2.9 钢尺普通量距

2.9.1 目的和要求

（1）掌握钢尺普通量距的基本工作方法。

（2）会进行钢尺量距的数据计算，并能对外业观测数据进行精度评定。

2.9.2 任务

用普通钢尺完成一段地面直线量距工作。如在实习场地上预先埋设两个相距约 70～100m 的直线段 AB，并在端点处设置标志，利用钢尺对 AB 直线进行普通量距。

2.9.3 组织和学时

每组 4～5 人，课内 2 学时。

2.9.4 仪器和工具

每组借 30m 钢尺一把、花杆三根、小插钎五根、垂球两个、小木桩两根。

2.9.5 方法和步骤

钢尺普通量距工作步骤如下：

采用直线定线与量距同时进行的方法。

（1）由两人分别在直线 AB 上，A、B 两点的外侧竖立花杆。

（2）另两人分别担任后尺手和前尺手。后尺手持钢尺零端，在 A 点上插一根插钎；前尺手持钢尺尺把并携带其余插钎及第三根花杆（或由第五人携带）沿直线 AB 前进，行至一整尺段处停下。

（3）由 A 点处的同学指挥进行直线的目估定线，前尺手按其指挥将花杆左、右移动，直至花杆准确位于 AB 方向上，然后将花杆插紧在地面上（或由第五人竖立于地面）。

（4）后尺手将钢尺零点对准 A 点，前尺手沿直线拉紧钢尺，在钢尺末端刻划线处竖直地插下一根插钎，这样便完成第一个尺段的测量。然后，后尺手拔起 A 点的测钎，与前尺手一同举尺前进。按相同的方法继续测量其余各尺段（仍然是边定线边丈量），每量完一个整尺段，后尺手都应拔起插钎。

（5）到最后至 B 点是一个不足整尺长的零尺段，前尺手将某一整数分划对准 B 点，后尺手在钢尺的零端读出厘米及毫米数，两端的读数相减即是该尺段长 q。到此，后尺手手中共有插钎 n 根，说明已丈量了 n 个整尺段，因此，可计算出往测全长为 $D_{往}=n\times l+q$。

（6）用相同的方法反方向由 B 至 A 进行丈量，即可得到返测的距离 $D_{返}$。返测时应重新定线。

（7）计算往、返测平均值及差值，由此可计算出相对误差 k，在平坦场地上应达到不超过 1/3000 的精度要求，若达不到此限差要求，必须返工重测。其计算式如下：

$$\overline{D}=\frac{1}{2}(D_{往}+D_{返})\quad \Delta D=|D_{往}-D_{返}|$$

则

$$k=\frac{\Delta D}{\overline{D}}=\frac{1}{M}$$

其中 $M=\dfrac{\overline{D}}{\Delta D}$。

2.9.6　注意事项

（1）首先应熟悉钢尺的零点位置和尺面注记。

（2）前、后尺手须密切配合，尺子应拉直，用力要均匀，对点要准确，保持尺子水平。读数时应迅速、准确、果断。

（3）测钎应竖直、牢固地插在尺子的同一侧，位置要准确。

（4）记录要清楚，要边记录边复诵读数。

（5）注意保护钢尺，严防钢尺打卷、车轧且不得沿地面拖拉钢尺。前进时，应有人在钢尺中部将钢尺托起。

2.9.7　应交资料

完整的外业数据记录及数据计算资料一份。

2.9.8　实习报告

班级：__________组号：__________姓名：__________日期：__________

（1）何谓直线定线？目估定线通常是如何进行的？

（2）如何衡量距离的精度？现丈量了两段距离，*AB* 往测为 153.47m，返测为 153.57m；*CD* 往测为 327.86m，返测为 327.76m，问两段丈量精度是否相同？若不同，则哪段精度高？为什么？

（3）钢尺普通距离测量记录手簿

钢尺长度：l=30m			日期：			组长：	
直线编号	测量方向	整尺段长 $n\times l$	余长 q	全长 D	往返平均数	精度（k 值）	备　注
	往						
	返						
	往						
	返						
	往						
	返						

2.10 钢尺精密量距

2.10.1 目的和要求

（1）掌握钢尺精密量距的测量方法及成果计算。

（2）能利用尺长方程式进行精密钢尺量距的数据解算。同时能对外业观测数据进行精度评定。

（3）求出待测定距离值，往、返观测的相对误差不超过 1/10000。

2.10.2 任务

完成一段地面直线的钢尺精密量距工作。如在实习场地上预先建立两个相距约 70～100m 的直线 *AB*，并在端点处设置木桩标志，并钉上小钉，然后利用经过鉴定的钢尺对 *AB* 直线进行精密量距。最后应进行成果计算。

2.10.3 组织和学时

每组 4～5 人，课内 2 学时。

2.10.4 仪器和工具

每组借鉴定 30m 钢尺一把、经纬仪一套、水准仪一套、皮尺一把、弹簧秤一把、温度计一个、水准尺、小钉若干、小插钎五根、垂球两个、小木桩若干。

2.10.5 方法和步骤

（1）定线和概量。经纬仪安置于起点 A，用经纬仪进行定线，同时用皮尺概量，确定中间各桩点位置，并打上木桩，并依经纬仪的指挥，在木桩顶部定出各桩点的初步位置。

（2）用经过鉴定的钢尺丈量各尺段。进行丈量时，每尺段变换起始读数，前、后尺各读三次读数，尺段长度互差不得大于 2cm。测量中，钢尺的两端必须用标准拉力（30m 钢尺的所用拉力为 100N）拉尺，并用温度计测量地面温度。以此得到每尺段的往测观测值。

（3）按与上面步骤相同的方法进行返程测量，以得到返测时各尺段的观测数据。

（4）测量各尺段桩顶高差。将水准仪安置于合适位置，以便能看到各桩点。在各点立尺、读数，求出各尺段桩顶高差，并变动仪器高度重测一次。一尺段高差互差不得超过 ±10mm。

（5）成果计算。计算每尺段的三项改正数，填入数据表中；最后计算往、返测的总长、平均值及相对误差，若其误差不超过 1/10000，则达到要求；否则，必须重测。其三项改正分别为：

尺长改正：$\Delta l_d=\dfrac{\Delta l}{l_0}l_d$。

温度改正：$\Delta l_t=\alpha(t-t_0)l_d$。

倾斜改正：$\Delta l_h=-\dfrac{h^2}{2l_d}$。

则每量一段距离 l_d，其相应改正后的水平距离为 $L=l_d+\Delta l_d+\Delta l_t+\Delta l_h$。

最后，将各段数据汇总即得直线的往测（或返测）的总水平距离。

2.10.6 注意事项

（1）进行精密量距时，必须分工明确，前尺、后尺拉钢尺各一人，前尺、后尺处读数各一人，记录观测数据一人（兼带量地面温度），一共 5 人。

（2）定线概量时，各尺段的长度至少应比钢尺的名义长度短 0.3m。

（3）测量时，配合要密切、协调，前尺、后尺要同时读数。

2.10.7 应交资料

完整的外业数据记录及成果处理计算资料一份。

2.10.8 实习报告

班级：__________组号：__________姓名：__________日期：__________

（1）钢尺精密量距记录及成果计算表如下。

钢尺号码： 钢尺膨胀系数：0.0000125 钢尺检定时的温度 t_0：20℃ 计算者：________

钢尺名义长度 钢尺检定长度 钢尺检定时的拉力：100N 日期：________

尺段编号	实测次数	前尺读数/m	后尺读数/m	尺段长度/m	温度/℃	高差/m	温度改正数/mm	尺长改正数/mm	倾斜改正数/mm	改正后尺段长/m
	1									
	2									
	3									
	平均									
	1									
	2									
	3									
	平均									
	1									
	2									
	3									
	平均									
	1									
	2									
	3									
	平均									
总　和	往　测　总　和									
精度评定										

钢尺号码： 钢尺膨胀系数：0.0000125 钢尺检定时的温度 t_0：20℃ 计算者：________

钢尺名义长度 钢尺检定长度 钢尺检定时的拉力：100N 日期：________

尺段编号	实测次数	前尺读数/m	后尺读数/m	尺段长度/m	温度/℃	高差/m	温度改正数/mm	尺长改正数/mm	倾斜改正数/mm	改正后尺段长/m
	1									
	2									
	3									
	平均									
	1									
	2									
	3									
	平均									
	1									
	2									
	3									
	平均									
	1									
	2									
	3									
	平均									
总　和	返　测　总　和									

（2）试比较钢尺量距的一般方法与精密方法有哪些区别。

（3）进行精密量距时为何要进行三项改正？各如何计算？举例说明。

2.11　全站仪的认识及使用

2.11.1　目的和要求

（1）了解国产南方 NTS－330 系列（或其他型号）全站仪的结构特点和显示格式。

（2）掌握 NTS－330 系列全站仪操作键、功能键的功能。

（3）掌握 NTS－330 系列全站仪的操作要领和使用方法。

（4）会独立地使用 NTS－330 系列全站仪进行角度测量、距离测量、坐标测量和放样测量。

2.11.2　任务

对全站仪和棱镜进行观察、安置；熟悉操作键、功能键的功能；使用 NTS－330 系列全站仪进行角度测量、距离测量、坐标测量和放样测量并记录于内存。

2.11.3　组织和学时

每组 8～9 人，课内 4 学时。

2.11.4　仪器和工具

每小组在仪器室借领 NTS－330（或其他型号）系列全站仪一台，反射棱镜一个，对中杆一根，脚架一个。

2.11.5　方法和步骤

（1）由实习指导教师介绍 NTS－330 系列全站仪的各个部件及其作用。

（2）由指导教师讲解 NTS－330 系列全站仪安置的方法并示范，并介绍仪器基本设置方法及角度测量、距离测量、坐标测量和放样测量的操作方法和要领。学生依据老师的讲解及示范进行如下操作练习。

（3）打开三脚架，安置于测站点的上，并使架头大致水平，高度与观测者身高相适应。打开仪器箱并取出全站仪，安放在架头上，旋紧中心螺旋。

（4）装上电池，打开电源开关，首先对光学对中器调焦，然后提起两脚架腿，并移动脚架使对中器中心对准地面标志点。

（5）升降架腿，使照准部圆水准器气泡居中。

（6）按照与经纬仪整平的相同方法进行全站仪的整平，即旋转脚螺旋使长水准管的气泡在两个相互垂直的方向上均居中。

（7）检查对中是否偏离。若有偏离，松开中心螺旋，在架头上平移仪器（禁止旋转）重新对准。

（8）反复进行上述（6）、（7）两步，直至对中、整平均达到要求。

（9）操作面板的认识 。

坐标测量键，进入坐标测量模式。

距离测量键，进入距离测量模式。

ANG　角度测量键，进入角度测量模式。

MENU　主菜单键，进入菜单模式。

ESC　退出键，返回测量模式或上一层模式。

POWER　电源键，电源开关。

F1～F4　功能键，选择所显示的软键信息。

（10）了解各显示符号，具体参见配套教材或仪器的使用说明书。

（11）进行全站仪的有关设置练习。先练习温度和气压、角度、距离等单位的初始设置，随后进行开机模式、精测/粗测/跟踪、平距/斜距、竖角、ESC键模式等模式的设置练习。

（12）最后进行各种基本测量方法的操作练习，具体如下。

1）角度测量。按ANG键进入角度测量模式，在此模式下各功能键的功能参见配套教材相关介绍。

角度测量的步骤如图2-1所示。

操作过程	操作	显示
①照准第一个目标 A。	照准 A	V：90° 10′ 20″ HR：120° 30′ 40″ 置零　锁定　置盘　P1↓
②设置目标 A 水平为 0°00′00″，按［F1］（置零）键和（是）键。	［F1］	水平角置零 ＞OK? ——— ———　［是］［否］
	［F3］	V：90° 10′ 20″ HR：0° 00′ 00″ 置零　锁定　置盘　P1↓
③照准第二个目标 B，显示目标 B 的 V/H。	照准目标 B	V：96° 48′ 24″ HR：153° 29′ 21″ 置零　锁定　置盘　P1↓

图2-1　NTS-330系列全站仪角度测量步骤

2）距离测量。将仪器调为角度测量模式，然后按图 2-2 所示步骤进行操作。

操　作　过　程	操作	显　　示
①照准棱镜中心。	照准	V：　90°　10′　20″ HR：　120°　30′　40″ 置零　锁定　置盘　P1↓
②按距离测量键，距离测量开始。	[◢]	HR：　120°　30′　40″ HD＊ [r]　　≪m VD：　　m 测量　模式　S/A　P1↓ ↓
③显示测量的距离。		HR：　120°　30′　40″ HD＊　123.456m VD：　5.678m 测量　模式　S/A　P1↓
④再次按 [◢] 键，显示变为水平角（*HR*）、垂直角（*V*）和斜距（*SD*）。	[◢]	V：　9°　10′　20″ HR：　120°　30′　40″ SD：　131.678m 测量　模式　S/A　P1↓

图 2-2　NTS-330 系列全站仪距离测量步骤

3）坐标测量。在坐标测量模式下，通过输入仪器高和棱镜高后进行坐标测量时，可直接测定未知点的坐标。步骤如下：

①完成测站点的设置及定向点的设置。

②设置仪器高和目标高。

③测量未知点的坐标并显示计算结果。

一般，在测站点的坐标未输入的情况下，缺省的测站点坐标为（0，0，0），当仪器高未输入时，以 0 计算；当棱镜高未输入时，以 0 计算。

④用全站仪测量时，具体操作步骤如图 2-3 所示。

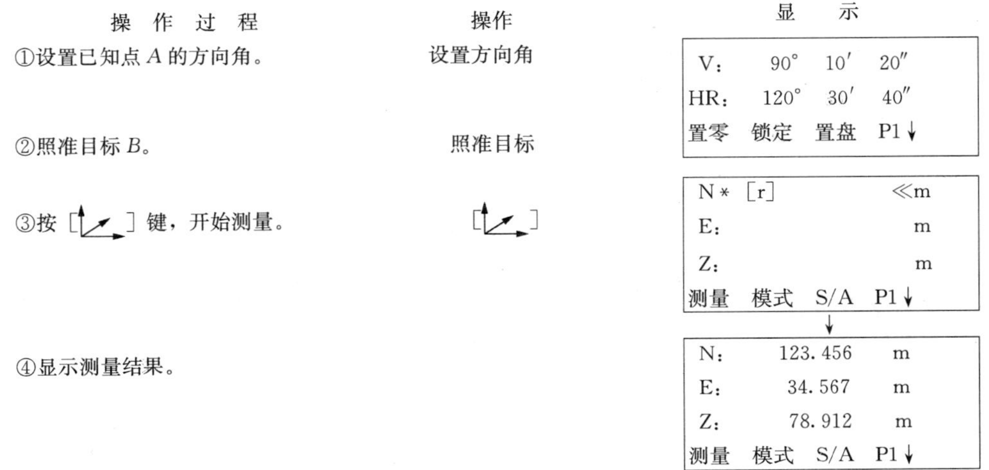

图 2-3　NTS-330 系列全站仪坐标测量步骤

4）放样测量。该功能可显示出测量的距离与输入的放样距离之差。

测量距离－放样距离＝显示值，其操作步骤如图 2-4 所示：

①放样时可选择平距（*HD*）、高差（*VD*）和斜距（*SD*）中的任意一种放样模式。

②若要返回到正常的距离测量模式，可设置放样距离为 0m 或关闭电源。

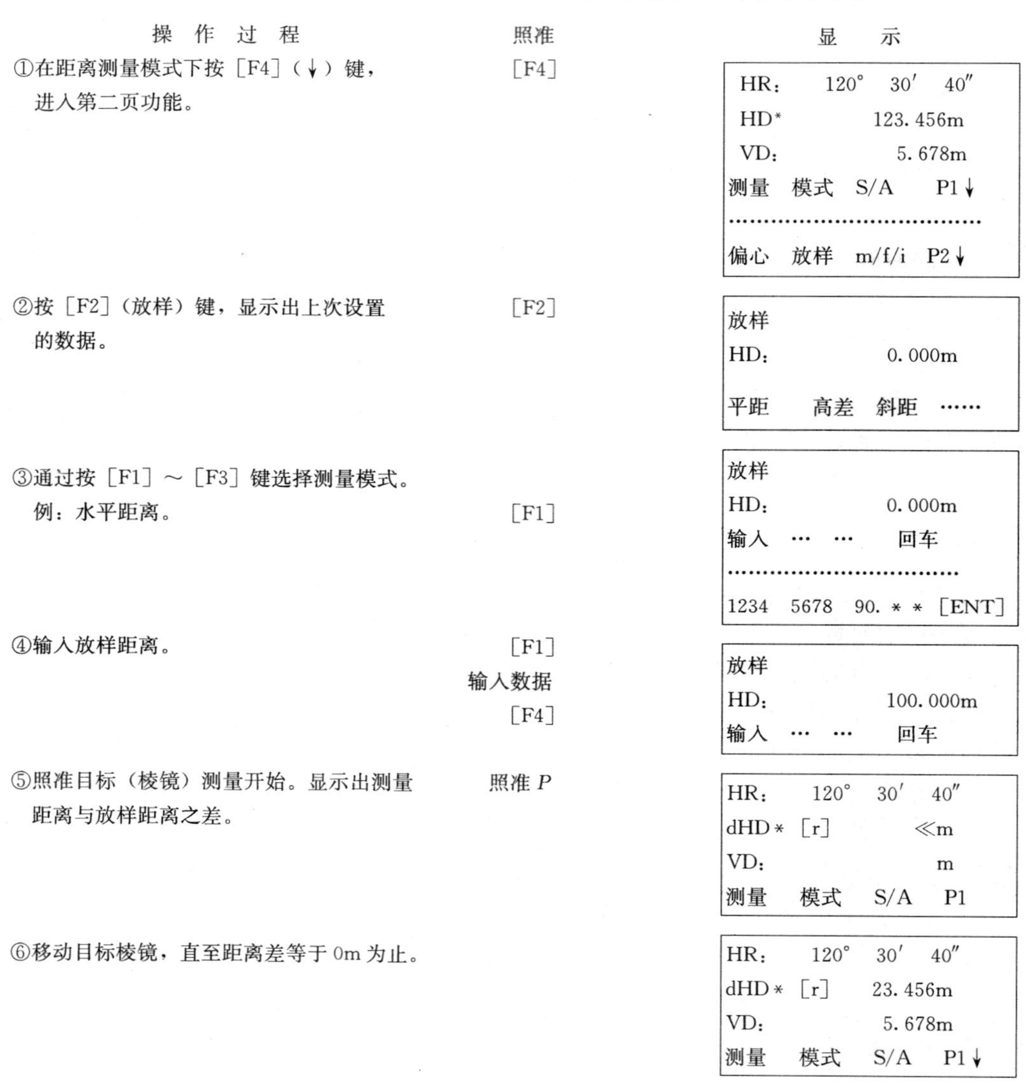

操 作 过 程	照准	显 示
①在距离测量模式下按［F4］（↓）键，进入第二页功能。	［F4］	HR： 120° 30′ 40″ HD* 123.456m VD： 5.678m 测量 模式 S/A P1↓ …………………… 偏心 放样 m/f/i P2↓
②按［F2］（放样）键，显示出上次设置的数据。	［F2］	放样 HD： 0.000m 平距 高差 斜距 ……
③通过按［F1］～［F3］键选择测量模式。例：水平距离。	［F1］	放样 HD： 0.000m 输入 … … 回车 …………………… 1234 5678 90. ＊＊［ENT］
④输入放样距离。	［F1］ 输入数据 ［F4］	放样 HD： 100.000m 输入 … … 回车
⑤照准目标（棱镜）测量开始。显示出测量距离与放样距离之差。	照准 *P*	HR： 120° 30′ 40″ dHD＊［r］ ≪m VD： m 测量 模式 S/A P1
⑥移动目标棱镜，直至距离差等于 0m 为止。		HR： 120° 30′ 40″ dHD＊［r］ 23.456m VD： 5.678m 测量 模式 S/A P1↓

图 2-4 NTS－330 系列全站仪放样测量步骤

也可以进入菜单模式，直接使用放样功能菜单完成放样工作。具体步骤如下：

①完成测站点设置。

②完成定向点设置。

③进行待放样点测设。

其操作步骤参见配套教材或仪器使用说明书。

2.11.6　注意事项

（1）使用前应结合仪器，仔细阅读使用说明书，熟悉仪器各部件的功能和实际操作方法。

（2）望远镜的物镜不能直接对准太阳，以避免损坏测距部的发光二极管。

（3）在阳光下作业时，必须打伞，防止阳光直射仪器。

（4）迁站时即使距离很近，也应取下仪器装箱后方可移动。

（5）仪器安置于三脚架之前，应旋紧三脚架的三个架腿的紧固螺旋。仪器安置在三脚架上时，应旋紧中心连接螺旋。

（6）搬迁过程中必须注意防振。

（7）仪器和棱镜在温度的突变中会降低测程，影响测量精度。要使仪器和棱镜逐渐适应周围温度后方可使用。

（8）作业前检查电压是否满足工作要求。

（9）在需要进行高精度观测时，应采取遮阳措施，防止阳光直射仪器和三脚架，影响测量精度。

（10）三脚架伸开使用时应检查其各部件，包括各种螺旋应活动自如。

2.11.7　实习报告

班级：__________组号：__________姓名：__________日期：__________

（1）何谓全站仪？全站仪由哪几个部分组成？

（2）简述全站仪进行角度测量、距离测量、坐标测量和放样测量的基本过程。

（3）使用全站仪有何操作要领？

（4）如何进行站点设置和后视方向的设置？

2.12 经纬仪（或全站仪）图根导线测量

2.12.1 目的和要求

（1）掌握经纬仪图根导线的外业工作的内容、方法和实施程序。

（2）掌握经纬仪图根导线内业计算方法。

（3）掌握几种常用导线网的网形设计、实地布点方法。

2.12.2 任务

完成小地区平面控制测量——经纬仪图根闭合导线测量外业、内业工作。

2.12.3 组织和学时

每组4～5人，课内2学时。

2.12.4 仪器和工具

每组借 DJ_6 光学经纬仪一台、钢尺一把（或全站仪一套、棱镜两套）、木桩若干。

2.12.5 方法和步骤

1. 导线网布设

在指定测区内选定导线点，布设一条由四条边组成的闭合导线，并打上木桩或建立相应的测量控制点标志。导线点标定后应予以编号（要求按逆时针方向，亦可按顺时针方向）。选点时应充分考虑选点原则，参见配套教材第4章相关内容介绍。最后绘制网点示意图。

2. 导线边长测量

对导线各边均使用钢尺（或全站仪）进行往、返观测，其每边的相对精度不得低于1/3000（全站仪测量不得低于1/4000）。具体方法参见钢尺量距实习。

3. 导线转折角测量

对每一个导线转折角（即闭合导线的内角）使用 DJ_6 级光学经纬仪（或全站仪）予以观测。采用测回法观测各内角一测回，上、下半测回角值互差不得超过±40″。具体方法参见经纬仪测回法测水平角实习。

4. 连接测量

在实习场地上若有高等级已知控制边，则可依据其设计布网，此时需进行连接测量，以获取起算数据，一般用经纬仪测回法测量导线起边与高等级已知边的连接角，要求测两个测回，以提高测量精度，然后依据已知边的坐标方位角计算出导线起始边的坐标方位角。若没有高等级已知控制边，则可选定一条导线边作为起始边，在教师指导下用罗盘仪测定其磁方位角，作为闭合导线的起始坐标方位角。

5. 闭合导线坐标计算

首先对全部外业观测数据进行认真地检查、复核和整理，确认正确无误后进行成果检核。闭合导线角度闭合差应符合精度要求，其角度闭合差不得低于$\pm 60''\sqrt{n}$（n为导线点个数，即观测的转折角的个数），其全长闭合差不得低于相对误差 1/2000 的精度。

导线内业计算的步骤如下。

（1）角度闭合差的计算与调整。

角度闭合差为 $f_\beta=\sum\beta_{测}-\sum\beta_{理}=\sum\beta_{测}-(n-2)\times180°$。

若满足精度要求，则可计算角度改正数，并计算出改正后的角度值，即

各角改正数为 $v_{\beta_i}=\dfrac{1}{n}\times(-f_\beta)$，而角度改正后角值为 $\beta_i'=\beta_i+v_{\beta_i}$。

最后依据导线起始边的坐标方位角推算导线各边的坐标方位角，即

$$\alpha_{n\cdot n+1}=\alpha_{n-1\cdot n}+\beta_i'-180°(\text{为左角})$$

或

$$\alpha_{n\cdot n+1}=\alpha_{n-1\cdot n}-\beta_i'+180°(\text{为右角})$$

以上计算过程的结果均应填入导线内业成果计算表的相应栏目内。

（2）坐标增量闭合差的计算与调整。先计算导线各边的纵、横坐标增量，即

$$\Delta x_{n\cdot n+1}=D_{n\cdot n+1}\cos\alpha_{n\cdot n+1}$$

$$\Delta y_{n\cdot n+1}=D_{n\cdot n+1}\sin\alpha_{n\cdot n+1}$$

然后计算导线纵、横坐标增量闭合差 $f_x=\sum\Delta x_{计}$，$f_y=\sum\Delta y_{计}$，由此可计算出导线全长闭合差 $f_D=\sqrt{f_x^2+f_y^2}$ 及全长相对误差 $k=\dfrac{f}{\sum D}$。若精度达到要求，则可调整纵、横坐标闭合差，以求得导线各边的坐标增量改正数。

改正数为

$$v_{x改}=-\frac{f_x}{\sum D}D_i,\quad v_{y改}=-\frac{f_y}{\sum D}D_i$$

增量改正值为

$$\Delta x_{n\cdot n+1}'=\Delta x_{n\cdot n+1}+v_{x改},\quad \Delta y_{n\cdot n+1}'=\Delta y_{n\cdot n+1}+v_{y改}$$

（3）计算各导线点的坐标。依据已知点的坐标，依次推算各导线点的纵、横坐标：

$$x_{n+1}=x_n+\Delta x_{n\cdot n=1}',\quad y_{n+1}=y_n+\Delta y_{n\cdot n+1}$$

最后还应推算起点的坐标，其值应与原有的已知坐标数值相等，以作校核。

若角度闭合差或导线全长相对闭合差 K 未达到精度要求，应仔细查找原因；纠正后仍达不到精度要求，应安排时间重测。

2.12.6　注意事项

（1）布设时，相邻导线点间应通视良好。

（2）导线点应位于便于施测地形的地方，以充分发挥其控制作用。

（3）导线边长以 70～100m 左右为宜，并尽量等边。长、短边长之比不得大于 3。

（4）对中、对点应仔细进行，以减小其误差对测角精度的影响。

（5）多个小组同测一条导线时，应注意脚架的安置方向，不得遮挡相邻导线点的视线方向，且只有当角度闭合差检核合格后方可收测。

（6）闭合导线坐标计算应坚持步步有检核的原则，以保证计算成果的正确性和避免不必要的返工。

（7）导线计算的起始数据以实测的起始边方位角和教师给定的起始点坐标为准。

（8）内业计算和绘制网点示意图必须个人独立完成，不得抄袭，不得映绘。

2.12.7 应交资料

（1）闭合导线外业观测记录一份。

（2）闭合导线坐标计算成果一份。

（3）导线布网网点示意图。

2.12.8 实习报告

班级：__________组号：__________姓名：__________日期：__________

（1）导线布网网点示意图。

（2）导线边长测量外业数据表。

钢尺长度：l=30m				日期：		组长：	
直线编号	测量方向	整尺段长 $n\times l$	余长 q	全长 D	往返平均数	精度（k 值）	备　注
	往						
	返						
	往						
	返						
	往						
	返						
	往						
	返						
	往						
	返						

（3）导线转折角（即多边形内角）及连接角测量外业数据表。

日期　　　　班级　　　　作业组　　　　观测者

天气　　　　仪器型号 J_6　　　　记录者　　　　组长

测　站	竖盘位置	目　标	度盘读数（°　′　″）	半测回角值（°　′　″）	一测回角值（°　′　″）	各测回平均角值（°　′　″）	备　注

（4）导线内业成果计算。

闭合导线坐标计算表

点　号	观测角（　角）	改正后的角值	坐标方位角	边长/m	增量计算值		改正后的增量值		坐　标		点　号
					$\Delta x'$	$\Delta y'$	Δx	Δy	x	y	
1	2	3	4	5	6	7	8	9	10	11	12
1											1
2											2
3											3
4											4
5											5
1											1
2											
Σ											

附合导线坐标计算表

点　号	观测角（　角）	改正后的角值	坐标方位角	边长/m	增量计算值		改正后的增量值		坐　标		点　号
					$\Delta x'$	$\Delta y'$	Δx	Δy	x	y	
1	2	3	4	5	6	7	8	9	10	11	12
1											1
2											2
3											3
4											4
5											5
1											1
2											
Σ											

（5）闭合导线和附合导线最少各需要观测几个连接角？

(6) 如图 2-5 所示闭合导线起始点 A 坐标为（500.00m，500.00m)，定向点 B 坐标为（626.23m，321.58m)。连接角：$\beta=176°24'34''$。

各内角及水平距离为：

$\angle A=95°51'06''$　$S_{A1}=98.20\text{m}$

$\angle 1=98°04'42''$　$S_{12}=117.31\text{m}$

$\angle 2=95°10'30''$　$S_{23}=133.20\text{m}$

$\angle 3=70°53'00''$　$S_{3A}=147.32\text{m}$

试计算导线点 1、2、3 点的坐标。

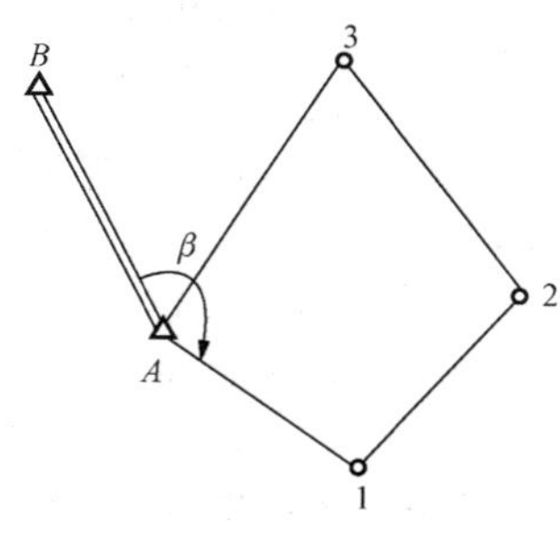

图 2-5　闭合导线

2.13　经纬仪测绘法测绘地形图

2.13.1　实习目的

掌握用经纬仪测绘法测绘大比例尺地形图的作业方法。

2.13.2　任务

完成 100m×100m 小地块的外业数据采集工作，课后进行内业绘图工作。

2.13.3　组织和学时

每组 4～5 人，课内 2 学时。

2.13.4　仪器和工具

每组借 DJ_6 光学经纬仪一台，钢尺一把，塔尺一把，小平板 1 块（带脚架），木桩若干，小钢卷尺（2m）1 把，量角器 1 块，记录板 1 块。各组领聚酯薄膜 1 张，自备 4H 或 3H 铅笔，橡皮，三角板，计算器、小针两根。

2.13.5　方法和步骤

本实验测图比例尺为 1∶500。

(1) 在指定测区内选择一通视良好的点 A 作为测站（假定测站 A 的高程 $H_A=23.89\text{m}$)，在测站 A 安置经纬仪，量取仪器高（量至厘米）。

(2) 选择较远一地面点 B 作为起始方向（零方向），在 B 点竖立铁花杆作为照准标志。经纬仪盘左照准 B 点并将水平度盘配置为 $0°00'00''$。

(3) 在测站旁安置小平板，在图纸上适当位置定出 a 点，画出 ab 方向线（只需画出能在量角器上读数的一小段），用小针将量角器圆孔中心钉在 a 点。

(4) 标尺员按一定路线选择地形特征点并竖立视距尺，观测员瞄准标尺读出视距、中丝读数、水平度盘读数和竖盘读数。

（5）记录员算出水平距离、高程并报告给绘图员。

（6）绘图员转动量角器，使零方向线对准量角器上一刻划线，使在量角器上读数等于水平度盘读数，再按水平距离定出碎部点位置。碎部点位置用点表示，在点的右侧标注其高程。

（7）同法测出其余碎部点，及时绘出地物，勾绘等高线。对照实地进行检查。

（8）按地形图图式的要求描绘地物和地貌，并进行图面整饰。

2.13.6 注意事项

（1）经纬仪竖盘指标差不得超过±1′，否则应校正仪器。

（2）当测站周围碎部点测绘完毕，应及时对经纬仪进行归零检查，归零差应不大于4′。

（3）注意量角器的正确使用方法。注记字头朝北。计算工作应尽可能采用可编程计算器。

（4）小组成员轮流担任观测员、绘图员、标尺员、记录员等工种。在测站上应边测、边算、边绘，掌握施测地形碎部点的最佳工作顺序。

（5）观测与计算的取位如下：角度1′、视距0.1m、高差0.01m、高程0.1m、仪器高0.01m、目标高0.01m。

（6）小组携带的仪器、工具较多，要注意保管，防止丢失或损坏。

2.13.7 上交资料

每组上交碎部测量记录表和1∶500地形图一张。

2.13.8 外业观测数据记录表

经纬仪法测量碎部点外业记录表

日期：________年____月____日　天气：________　仪器型号：________　组号：________

观测者：____________________　记录者：____________________　司尺者：____________________

测站点：________　后视点：________　仪器高：________m　测站高程：________m

点号	视距读数			中丝读数 v/m	竖盘读数 L（° ′）	水平读数 β（° ′）	水平距离/m $D=100l\sin^2 L$	碎部点高程/m $H=H_0+i+D\cot L-v$
	上丝读数/m	下丝读数/m	上下丝之差 l/m					

2.14　已知水平角度测设及经纬仪轴线投测

2.14.1　目的与要求

（1）掌握已知水平角度测设的方法。
（2）掌握经纬仪轴线投测的方法。
（3）要求每人熟练使用经纬仪进行已知水平角度的测设和经纬仪轴线投测。

2.14.2　任务

对给定的设计水平角值进行实地测设，在给定的建筑物上练习轴线投测。

2.14.3　组织和学时

每组 4～5 人，课内 2 学时。

2.14.4　仪器和工具

每小组借领 DJ_6 经纬仪一台，脚架一个，记录表格一张。自带铅笔。

2.14.5　方法和步骤

1. 已知水平角度的测设

（1）一般方法。当测设精度要求不高时，可用一般方法。

如图 2-6（a）所示，已知地面上 AB 方向，从 AB 向右测设已知水平角 β，定出 AC 方向，步骤如下：

1）在 A 点安置经纬仪，对中、整平，取盘左位置照准 A 点，并配置水平度盘为 $0°00'00''$。

2）松开水平制动螺旋，旋转照准部，使水平度盘读数为 β 值，并在此方向上定出 C' 点。

3）取盘右位置用同样方法在地面上定出 C'' 点，取 C'、C'' 的中点 C，则 $\angle BAC$ 就是要测设的已知水平角 β。

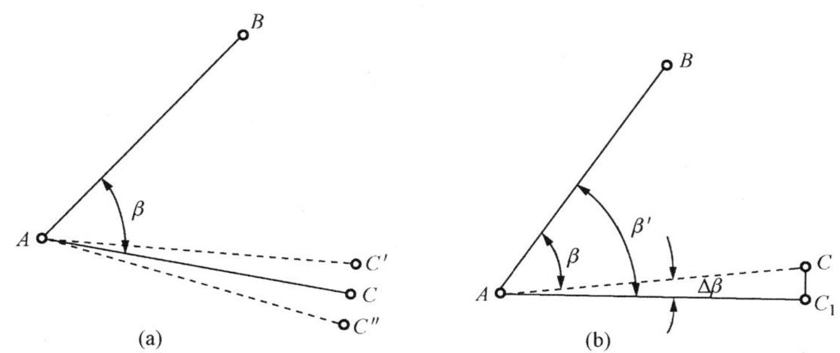

图 2-6　已知水平角度的测设

（2）精确方法。当测设水平角的精度要求较高时，可按以下步骤进行放样：

1）如图 2-6（b）所示，先按一般方法在地面上定出 C_1 点，测设出 AC_1 方向。

2）用测回法对$\angle BAC_1$ 进行精确观测，测回数由精度要求决定，取各测回的平均值 β'，并计算出其与已知角度 β 的差值 $\Delta\beta=\beta'-\beta$。一般当差值超过$\pm10''$时，则调整 C_1 点的位置，定出测设点 C 点。

3）依据 $\Delta\beta$ 和 AC_1 的水平距离计算改正距离 $C_1C=AC_1\dfrac{\Delta\beta}{\rho''}$（式中 $\rho''=206\ 265''$），然后过 C_1 点作 AC_1 的垂线，从 C_1 点沿垂线方向量取 C_1C，定出 C 点。则$\angle BAC$ 即为所测设的已知水平角 β。

注意：C_1C 的量取方向是向内量还是向外量，取决于 $\Delta\beta$ 的正负号，正号则沿垂线向内量取，负号则向外量取。

2. 经纬仪轴线投测

在实习场地附近选择某一通视条件较好建筑物（方便定向）作为轴线投测对象，在建筑物附近做好轴线控制桩，以用来进行轴线投测。

如图 2-7 所示，CC'和 $33'$为某建筑物的中心轴线，C、C'、3 和 $3'$点为该两轴线的在地面引测的轴线控制桩点。具体投测步骤为：

（1）将经纬仪安置在做好的轴线控制桩 C 上，照准控制桩 C'点，用盘左、盘右在基础底部进行投测，并取其投测点的中点 b 作为向上引测的标记点，标记于建筑物的基础侧面。

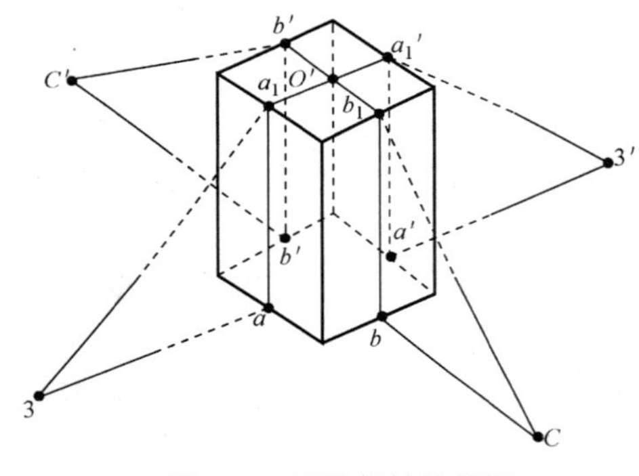

图 2-7　经纬仪轴线投测

（2）同法得到 b'、a 和 a'标志点。

（3）利用经纬仪进行轴线引测，将轴线由基础底部投测到楼层面上。具体投测为：分别将经纬仪安置在 CC'和 $33'$轴的各控制桩点上，照准基础底部侧面的标志 b、b'、a 和 a'，用盘左、盘右两个盘位向上投测到楼层楼板上，并取其中点作为该层中心轴线的投影点，如图中的 b_1、b_1'、a_1 和 a_1'，b_1b_1' 和 a_1a_1' 两线的交点 O'即为该层轴线点的投影中心。随着建筑物的逐层升高，便可将轴线点逐层向上引测。

2.14.6 注意事项

（1）已知水平角方向边测设好后，一定要注意检核和复查。

（2）注意实习场地的选择。选择在便于进行轴线投测练习的地方，且应注意仪器安全。

（3）投测时，经纬仪一定要经过严格检校才能使用。

（4）为了减小外界条件的不利影响，投测工作应在阴天及无风天气进行。

2.14.7 应交资料

测设已知水平角的计算表格一份。

2.14.8　实习报告

班级：__________组号：__________姓名：__________日期：__________

（1）按照精确测设已知水平角度方法进行方向边的测设时要注意哪些问题？

（2）如果一个已知起点的方向偏离了 36″，那么在离起点 100m 的该方向上的点位偏离了多少距离？

（3）轴线控制桩怎么引测？

（4）轴线投测要注意哪些问题？

（5）已知水平角测设数据计算表格。

测设水平角度值 β	β'	$\Delta\beta=\beta'-\beta$	$C_1C=AC_1\,\dfrac{\Delta\beta}{\rho''}$	向内或向外量

2.15 已知水平距离测设

2.15.1 目的和要求

掌握利用钢尺测设已知水平距离的工作方法。

2.15.2 任务

在指定实习场地上预先布设一段距离约 70～100m 的直线 AB，并在端点处设置标志，要求在此已知方向线上从 A 点起测设一点 C，使 AC 的距离等于设计数据 D=25.000m，并在 C 点打上木桩标志。

2.15.3 组织和学时

每组 4～5 人，课内 2 学时。

2.15.4 仪器和工具

每组借 30m 钢尺一把、花杆三根、小木桩两根。

2.15.5 方法和步骤

测设已知水平距离的工作步骤如下：

（1）在直线 AB 方向上，从 A 点起沿 AB 方向拉平钢尺量取已知的水平距离 D_1=25.000m，得到一点 C_1，然后改变起始读数同法再量一次，得到另一点 C_2。

（2）若 C_1、C_2 重合，则得到测设点位 C，其与 A 点的距离为设计值 D；若 C_1、C_2 不重合，则取两者的中点作为测设的 C 点。最后，在测设点处打上木桩，并在桩上定小钉以表示测设的 C 点位置。

（3）若要求测设的精度较高，可在以上方法测设得到的 C 点的基础上按照精密测设方法进行。

利用精密距离丈量方法，对 AC 距离进行测量，得到其观测值 D'=25.060m，然后计算其与待测设的设计距离进行差值计算，得到 ΔD 为

$$\Delta D = D' - D = 25.060\text{m} - 25.000\text{m} = 0.060\text{m}$$

（4）此时依据 ΔD，根据精度要求，调整点位，以得到测设的最终点，并作好标记。当 $\Delta D>0$ 时，由初步测得的点向 A 方向调整 ΔD 而得到；当 $\Delta D=0$，不予调整；当 $\Delta D<0$ 时，应向外即 B 方向调整 ΔD 而得到最终测设点。

（5）测设好后，务必进行检核，直至其相对误差达到精度要求。

2.15.6 注意事项

（1）首先应熟悉钢尺的零点位置和尺面注记。

（2）注意保护钢尺，严防钢尺打卷、车轧且不得沿地面拖拉钢尺。前进时，应有人在钢尺中部将钢尺托起。

（3）进行已知水平距离的测设时，一定注意进行检核，以保证测设精度。

2.15.7　应交资料

测设数据计算资料一份。

2.15.8　思考题

试写出测设已知水平距离的工作步骤。

2.16　施工场地±0.000 标高及直线坡度的测设

2.16.1　目的和要求

（1）掌握用水准仪进行施工场地上已知高程的测设方法。

（2）掌握施工中±0.000 标高的测设方法及抄平方法。

（3）掌握直线坡度的测设方法。

2.16.2　任务

在实习场地上，依据给定的已知水准高程点，利用 DS_3 水准仪在水准点附近的建筑物（树干、电杆等）上测设一给定建筑物的±0.000 设计标高；然后，选定一地面直线，依据给定的直线一端点的设计高程及该直线的设计坡度，完成直线坡度线的实地测设工作。

2.16.3　组织和学时

每组 4～5 人，课内 2 学时。

2.16.4　仪器和工具

每组借 DS_3 微倾式水准仪 1 台、水准尺 1 对、钢尺 1 把、木桩（或花杆）若干，记录板 1 块。

2.16.5　方法和步骤

1. 建筑物±0.000 的测设

（1）由实习指导教师在指定实习场地上给定一已知水准点，并给定某建筑物底层室内地坪的±0.000 设计标高，由各组学生进行±0.000 设计标高的实地测设。如给定已知水准点的高程 H_C=41.350m，某设计建筑物±0.000 相对应的设计高程 $H_{设}$=42.000m，要求在临近建筑物的墙上（或树干、电杆等位置）测出此设计标高位置，并予以标记。

（2）将水准仪安置于已知点与测设位置两点之间，最好两端的视距大致相等。按照仪器的基本使用方法调置仪器，并照准立在已知水准点上的水准尺，在视线精平时读取后视中丝读数 a，假设 a=1.425m，此时即可计算出放样已知高程的测设数据为

$$b = H_C + a - H_{设} = 41.350\text{m} + 1.425\text{m} - 42.000\text{m} = 0.775\text{m}$$

（3）将另一把水准尺紧靠邻近建筑物墙体（或树干、电杆等位置），旋转水准仪对其照准，并精平视线，指挥扶尺人上下移动水准尺。当视线方向上的读数刚好等于 b 时，指挥立尺者沿水准尺的底部在墙体侧面上划一道线，此线即是设计高程为 42.000 的某建筑物±0.000测设的位置，也就是 $H_{设}$ 的高程。最后作好±0.000 的标记。

2. 直线坡度线的测设

（1）由实习指导老师指定实习场地、给定已知水准点，并确定待测设坡度线的直线位置，如在校区道路边上指定一地面直线 AB，起始点 A 的设计高程 H_A=41.000m，A、B 两点水平距离 D_{AB}=72.000m，坡度 i=+1%，已知水准点的高程 H_C=41.350m。要求在直线方向上每隔距离 d=20m 定一木桩，并在木桩上标定出坡度为 i 的坡度线。

（2）测设直线 AB 的坡度步骤如下：

1）在 AB 直线上从 A 点起用钢尺每隔 20m 打一木桩，依次为 1、2、3、则 3、B 两点的距离为 12m。

2）计算各桩点的设计标高，各点的设计高程为

$$H_1 = H_A + D_1 i = 41.000\text{m} + 20\text{m} \times 1\% = 41.200\text{m}$$
$$H_2 = H_A + D_2 i = 41.000\text{m} + 40\text{m} \times 1\% = 41.400\text{m}$$
$$H_3 = H_A + D_3 i = 41.000\text{m} + 60\text{m} \times 1\% = 41.600\text{m}$$
$$H_B = H_A + D_B i = 30.000\text{m} + 72\text{m} \times 1\% = 41.720\text{m}$$

3）安置水准仪于已知水准点 C 附近，后视其上的水准尺，得中丝读数 a=1.256m，计算仪器的视线高 $H_i = H_1 + a$=41.350m+1.256m=42.606m，再根据各点的设计高程计算出测设各点时的测设数据（$b_{应} = H_i - H_{设}$）。具体为

$$b_A = H_i - H_A = 42.606\text{m} - 41.000\text{m} = 1.606\text{m}$$
$$b_1 = H_i - H_1 = 42.606\text{m} - 41.200\text{m} = 1.406\text{m}$$
$$b_2 = H_i - H_2 = 42.606\text{m} - 41.400\text{m} = 1.206\text{m}$$
$$b_3 = H_i - H_3 = 42.606\text{m} - 41.600\text{m} = 1.006\text{m}$$
$$b_B = H_i - H_B = 42.606\text{m} - 41.720\text{m} = 0.886\text{m}$$

4）将水准尺分别贴靠在各木桩侧面，上、下移动尺子，直至尺读数为 $b_{应}$ 时，在尺底部紧靠木桩侧壁处划一横线，即得各点的测设位置，该坡度线 AB 便标定在地面上了。

3. 实习检查与验收

实习任务完成后，应作上相应的测设标记，并将实习测设数据填入表格中，最后经实习指导老师验收合格后方可归还仪器。

2.16.6 注意事项

（1）仪器的使用注意事项同前面的实习要求。

（2）进行实地测设前，一定要查清已知条件及给定的点位高程数据和待放的设计标高，并依据测设方法计算出各测设点的测设数据，数据务必计算准确，并在实地测设前予以检核。

（3）在实地测设前，最好绘制测设简图，并将计算出的测设数据标注在图上，以供实地测设时参考。

（4）要求测设偏差不得超过±5mm。

2.16.7　应交资料

完整的外业数据记录及测设数据计算资料一份。

2.16.8　实习报告

班级：__________组号：__________姓名：__________日期：__________

（1）测设简图。

（2）测设数据记录及计算。

已知水准点高程：	直线设计坡度 i：		直线总长：	后视读数 a：
测设桩点点号	桩点设计高程	测设桩点间距	视线高程	测设数据 b 值

（3）建筑施工中为什么要采用相对高程？

（4）简述利用水准仪进行坡度测设的工作步骤。

（5）简述建筑物底层室内地坪±0.000 施测步骤。

2.17 全站仪（或经纬仪）极坐标法测设点的平面位置

2.17.1 目的要求

（1）进一步熟悉全站仪的各项基本操作。

（2）掌握使用全站仪进行极坐标放样点的平面位置的操作方法。

（3）学会利用全站仪进行工程放样的定点方法及检核方法。

2.17.2 任务

在实习场地上，利用两已知坐标控制点使用全站仪测设某设计点位的平面位置。

2.17.3 组织和学时

每组 8～9 人，课内 2 学时。

2.17.4 仪器和工具

每小组借领 NTS-330 系列（或其他型号）全站仪一台，反射棱镜一个，对中杆一根，配套三脚架一个。

2.17.5 方法和步骤

由实习指导老师给定已知平面控制点 A、B、C，要求学生利用全站仪完成某设计坐标点 P 的测设工作。其中：$A(x_A, y_A)$、$B(x_B, y_B)$、$C(x_C, y_C)$ 为控制点，$P(x_P, y_P)$ 为待测设的设计点。具体测设工作步骤如下：

（1）在控制点 A 上架设全站仪，对中、整平，初始化后检查仪器设置：气温、气压、棱镜常数；进入全站仪的放样测量模式，进行站点设置：输入 A（调入）测站点的三维坐标，量取并输入仪器高；然后进行后视方向的设置：输入（调入）后视点 B 的坐标，照准后视点进行后视。如果后视点上有棱镜，输入棱镜高，可以马上测量后视点的坐标和高程并与已知数据检核。

（2）瞄准另一控制点 C，检查方位角或坐标；在另一已知高程点上竖棱镜以检查仪器的视线高。利用仪器自身计算功能进行计算时，记录员也应进行相应的计算以检核输入数据的正确性。

（3）进入放样模式的第三个子程序进行待放样点的坐标输入。观测者直接输入待放样点的坐标，依据仪器内置的测量程序计算出相应的放样测设数据：水平距离和方向角并显示于仪器显示屏上（或者由记录员根据测站点和待放样点坐标反算出测站点至放样点的距离和方位角，再由操作者直接输入距离值和水平方向角）。

（4）观测员转动仪器至第一个放样点的方向角，直至显示的角度差值为零；然后指挥司镜员移动棱镜至仪器视线方向上，定出 P 点的方向；此时进行水平距离测量，测得初步点位与站点间的距离 D。

（5）仪器依据程序计算出实测距离 D 与待放样距离 D'的差值：$\Delta D=D-D'$，随后指挥司镜员在视线上前进或后退 ΔD，定出 P 点的初步位置。

（6）对初步点位进行距离观测，看其与设计值之差是否在限差范围内，若超限，则必须予以调整，直到 ΔD 小于放样限差。(非坚硬地面此时可以打桩)

（7）检查仪器的方位角值，棱镜气泡应严格居中（必要时架设三脚架），再测量一次，若 ΔD 小于限差要求，则可精确标定点位。

2.17.6　注意事项

（1）仪器借领、使用和保管应严格遵守实习操作规定。

（2）操作过程中一定要保证仪器及镜站的安全。

（3）棱镜是易碎的精密光学器件，在安置镜站时必须小心谨慎。

（4）绝对不允许将仪器望远镜直对阳光瞄准，在强光下作业应使用太阳伞遮挡阳光。

（5）仪器上架后，不论观测与否，必须有人看护，防止仪器碰坏。

2.17.7　实习报告

班级：__________组号：__________姓名：__________日期：__________

（1）简述极坐标法测设点的平面位置的基本工作步骤。(要求写出测设数据计算过程)

（2）在使用全站仪进行放样工作时，为何要用第三个控制点进行方向检核？

2.18　依据施工场地上布设的建筑基线测设建筑物的轴线

2.18.1　目的和要求

（1）掌握直角坐标法（或极坐标法）测设点位的方法。

（2）掌握依据建筑基线测设建筑物定位轴线的工作方法。

（3）会计算测设数据。

（4）掌握测设后的检核方法及调整方法。

2.18.2　任务

要求依据一已知基线，完成某设计建筑物的实地定位工作。

2.18.3　组织和学时

每组 4～5 人，课内 2 学时。

2.18.4 仪器和工具

每小组借领 DJ_6（或 DJ_2）光学经纬仪一台（含脚架），标杆三根，木桩若干、小钉若干。

2.18.5 方法和步骤

（1）由实习指导老师给定类似与下图的一块实习场地，该场地上已布设好“五点十字型”的建筑基线网（或其他基线），要求学生将设计在此场区内的某拟建建筑物的定位轴线测设并标定于地面上。

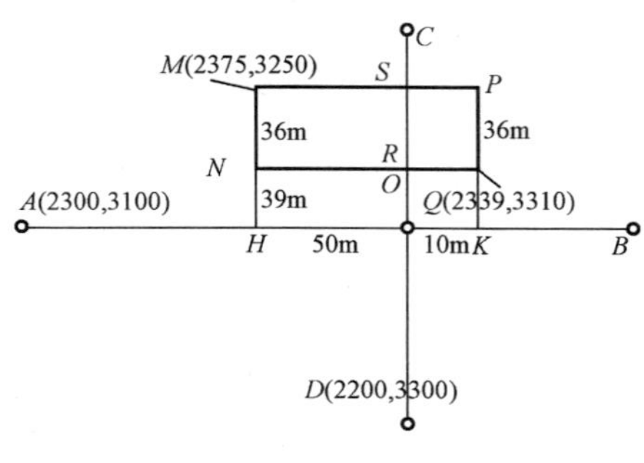

图 2-8 “+”字形建筑基线

（2）如图 2-8 所示，*AB* 与 *CD* 构成一“+”字形建筑基线，矩形建筑 *MNQP* 与建筑基线关系在图中标示，其测设具体操作如下：

1）利用图纸上坐标关系制定测设方案，并计算相应的测设数据，画出测设略图，且将测设数据标注于图中。如下图所示，为其测设略图。

2）测定 *H*、*K* 点。在建筑基线 *AB* 上，根据测设已知水平距离的方法，通过钢尺精密测设出 *H*、*K* 点，使 *HO*、*OK* 的长度分别为 50m、10m；要求进行两次测设，两次测设时，其尺子的起始刻划值变动 10cm 点对准同一起始点 *O*，两次误差不超过 2mm；复查要求往返测量，复查平均值与测设值互差，并计算相对误差，相对误差不得低于 1/5000 的精度要求，且应检校 *HK* 的距离（60m）。

3）测设 *M* 和 *N* 点位。在 *H* 点安置经纬仪，后示 *B* 点，按照测设已知水平角度方向边的方法测设一方向边，使其与 *HB* 的夹角等于 90°；然后在测设出的方向线上依次测设出 *N* 和 *M*，使其间距分别等于 *HN*=39m，*NM*=36m。其测设精度必须满足要求，即其精度不得低于角度偏差不超过±20″，距离偏差的相对误差不超过 1/5000 的标准。

4）测设 *P* 和 *Q* 点。按照相同的测设步骤在 *K* 点安置经纬仪，以测设出 *Q* 和 *P* 点，其精度不得低于角度偏差不超过±20″、距离偏差的相对误差不超过 1/5000。

5）最后，对测设的建筑物定位轴线点进行检核，分别进行直角测量和距离测量，即利用经纬仪采用测回法，在 *N* 和 *Q* 测量建筑物边线间的夹角，其与 90°的偏差不得超过±20″；然后量取各段边长，其与设计值的偏差的相对误差不得低于 1/5000。若未达到精度标准，必须予以调整，直至达到标准为止。最终在测设的定位轴线点上钉木桩，并用小钉标示。

2.18.6 注意事项

（1）已知水平角方向边测设好后，一定要注意检核和复查。

（2）测设好后，务必进行检核，达到精度要求方可打上木桩标示钉。

2.18.7 实习报告

班级：__________组号：__________姓名：__________日期：__________

（1）简述直角坐标测设点的平面位置的基本工作步骤。（要求写出测设数据计算过程）

（2）试对几种基本平面位置的测设方法进行比较，说出各自的特点。

2.19　圆曲线主点测设

2.19.1　目的和要求

（1）掌握极坐标法和直角坐标法测设曲线点位的工作方法。
（2）掌握道路曲线主点测设的步骤和操作方法。

2.19.2　实习任务

完成一条曲线的转向角测量工作及主点测设工作。

2.19.3　组织和学时

每组 4～5 人，课内 2 学时。

2.19.4　仪器和工具

每组借领 DJ_6 光学经纬仪 1 台，钢尺 1 把，测针 1 组，垂球 2 个，铁锤 1 把，方桩 6 个，铁钉若干。

2.19.5　方法和步骤

（1）在实习指导老师的指导下现场选定 *JD* 和始、末切线上 *ZD* 的位置。将仪器安置在 *JD* 上，采用测回法观测转向角 α_Z（或 α_Y）一测回，如图 2-9 所示。

（2）按教师给定的圆曲线半径 *R* 和实测转向角 α 计算曲线要素，并按 *JD* 点里程计算曲线元素及曲线各主点的里程。

如：线路交点 *JD* 桩号为 K1＋385.50，测得右转角 α_Y 为 $42°25'$，圆曲线半径 $R=120$m，则依据曲线计算公式（参见配套教材第 7 章曲线测设）可计算出曲线元素为：

切线长 $T=46.56$m，曲线弧长 $L=88.84$m，外矢距 $E=8.72$m，切曲差 $D=4.28$m。各主点的里程为：*ZY* 桩号 K1＋338.94，*YZ* 桩号 K1＋427.78，*QZ* 桩号 K1＋383.36。

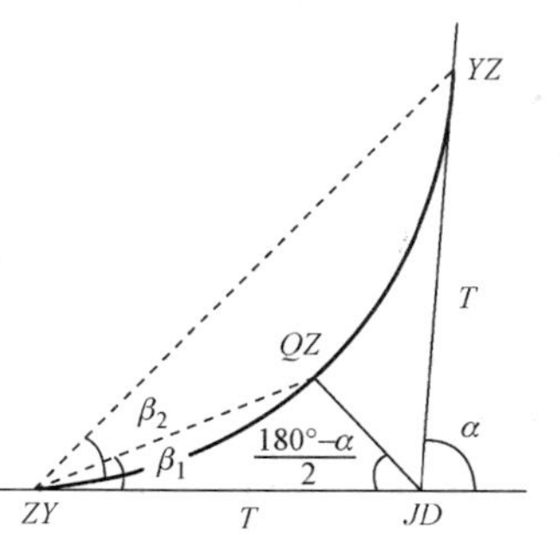

图 2-9　曲线转向角测量

（3）在交点 *JD* 处安置经纬仪，照准后一方向线的交点（或转点）并配置水平度盘为$0°00'00''$，从 JD 点沿该直线方向量取切线长 T 得 ZY 点，并打桩标定其点位，立即检查 ZY 至最近的里程桩的距离，若该距离与两桩号之差相等或相差在允许范围内，则认为 ZY 点位正确，否则应查明原因并纠正。同法，将经纬仪转向路线另一方向，测设出 YZ 点。

（4）转动经纬仪照准部，拔角 $(180°-\alpha)/2$，在其视线上量 E 值即得 QZ 点。

（5）检查三主点相对位置的正确性。将经纬仪安置在 ZY 上，用测回法分别测出 β_1、β_2 角值，若 $\beta_1-\alpha/4$、$\beta_2-\alpha/2$ 在允许范围内，则认为三主点测设位置正确，

2.19.6 注意事项

（1）钢尺量距必须往返进行，相对精度在 1/2000 之内时取其平均值。

（2）设置方向线（始、未切线及分角线）均应采用经纬仪正倒镜分中法分中。

（3）曲线主点应以方桩和小钉标定。

2.19.7 应交资料

（1）转向角测量记录一份。

（2）曲线元素和里程计算资料一份。

（3）主点测设记录一份。

2.19.8 实习报告

班级：__________组号：__________姓名：__________日期：__________

（1）依据给定条件计算曲线要素。（参见配套教材第 7 章曲线测设）

（2）依据给定条件计算出圆曲线主点桩号。（参见配套教材第 7 章曲线测设）

（3）曲线主点测设数据记录。

2.20 圆曲线详细测设

2.20.1 目的和要求

掌握切线支距法（或偏角法）详细测设圆曲线的原理、方法和步骤。

2.20.2　任务

（1）完成圆曲线的设计数据验算工作（实地测设前完成）。

（2）采用切线支距法（或偏角法）在实地详细测设圆曲线。

2.20.3　组织和学时

每组 4～5 人，课内 2 学时。

2.20.4　仪器和工具

每组配备 DJ_6 经纬仪 1 台，钢尺 1 把，测钎 1 组，垂球 2 个，铁锤 1 把，板桩若干。

2.20.5　方法和步骤

1. 圆曲线的设计数据验算

某道路工程，中线交点 JD 的里程桩为 K1+385.50，其偏角 $\alpha=42°25'$，圆曲线设计半径 $R=120$m，曲线每隔 20m 桩钉一桩，即 $l_0=20$m。其验算表如下。

已知参数	转　角：$\alpha=42°25'$ 交点 JD 里程：K1+385.50	设计半径：$R=120$m 整桩间距：$l_0=20$m
特征参数	切线长：$T=46.56$m 外矢距：$E=8.72$m	弧　长：$L=88.84$m 切曲差：$D=4.28$m
主点里程	ZY 点里程：K1+338.94 QZ 点里程：K1+383.36	YZ 点里程：K1+427.78 JD 点里程：K1+385.50（验算）

详细测设参数			切线支距法 原点：ZY X 轴：$ZY-JD$		偏角法 测　站：ZY 起始方向：$ZY-JD$	
名点	桩号里程 /km+/m	累积弧长/m	X/m	Y/m	θ（°　′　″）	c/m
ZY	K1+338.94	0	0	0		
1	K1+350.00	11.06	11.04	0.51	2　38　25	11.06
2	K1+370.00	31.06	30.71	4.00	7　24　54	30.97
QZ	K1+383.36	44.42	43.41	8.13	10　36　16	44.17
3	K1+390.00	51.06	49.53	10.70	12　11　23	50.68
4	K1+410.00	71.06	66.98	20.43	16　57　52	70.02
YZ	K1+427.78	88.84	80.94	31.41	21　12　32	86.82

2. 切线支距法详细测设圆曲线

具体测设步骤如下：

（1）校对在中线测量时已桩定的圆曲线的三个主点 ZY、QZ、YZ，若有差错，应重新测设主点（参见实验 2.19）。

（2）用钢尺或皮尺从 ZY 开始，沿切线方向量取 x_1、x_2、x_3、x_4 等点，并做标记。

（3）在 x_1、x_2、x_3、x_4 等点用十字架（方向架）作垂线，并量出 y_1、y_2、y_3、y_4 等点，

用测针标记，即得出曲线上1、2、3、4等点。

(4) 丈量所定各点的弦长作为校核。若无误，即可固定桩位、注明相应的里程桩。

3. 偏角法详细测设圆曲线

具体测设步骤如下：

(1) 核对在中线测量时已经桩定的圆曲线的主点 ZY、QZ、YZ，若发现异常，应重新测设主点。

(2) 将经纬仪安置于曲线起点 ZY，以水平度盘读数 $0°00'00''$ 瞄准交点 JD。

(3) 松开照准部，置水平盘读数为1点之偏角值 θ_1，在此方向上用钢尺从 ZY 点量取弦长 c_1，桩定1点。再松开照准部，置水平度盘读数为2点之偏角 θ_2，在此方向线上用钢尺从1点量取弦长 c_2，桩定2点。同法测设3、4等点。

(4) 最后应闭合于曲线终点 YZ，以此来校核。若曲线较长，可在各起点 ZY、终点 YZ 测设曲线的一半，并在曲线中点 QZ 进行校核。

(5) 校核时，如果两者不重合，其闭合差一般不得超过如下规定：

半径方向（路线横向）：误差±0.1m。

切线方向（路线纵向）：误差 $\pm\frac{L}{1000}$（L 为曲线长）。

2.20.6 注意事项

(1) 计算定向后视读数时先画出草图，以便认清几何关系，防止计算错误。

(2) 注意道路切线（或偏角）方向，采用偏角法时，应区分正拨和反拨。

(3) 中线桩以板桩标定，且标注里程，面向线路起点方向。

2.20.7 应交资料

(1) 里程与切线支距（或偏角）计算资料一份。

(2) 测设记录和精度计算资料各一份。

2.20.8 实习报告

班级：__________组号：__________姓名：__________日期：__________

(1) 完成给定条件的里程与切线支距（或偏角）计算（参见配套教材第7章曲线详细测设）。

(2) 完成实地测设时各测设数据记录资料，并评定测设精度。

第3部分 《工程测量》教学综合实习

3.1 综合实习总则

《工程测量》教学综合实习是该课程教学的重要组成部分，是巩固和深化课堂所学知识的必要环节。通过实习培养学生理论联系实际、分析问题与解决问题的能力以及实际动手能力，培养学生使其具有严谨的工作态度、实事求是的工作作风、吃苦耐劳的劳动态度以及团结协作的集体观念。同时，也使学生在业务组织能力和实际工作能力方面得到锻炼，为今后从事工程施工阶段的测量工作打下良好基础。

3.1.1 实习计划

《工程测量》教学综合实习分为小地区控制测量及大比例尺地形图测绘教学实习、施工阶段的控制测量实习和工程施工阶段的定位放样测量实习，此综合实习在整个《工程测量》课堂教学结束后进行，时间共为两周（各学院可根据具体情况合理安排综合实习计划及内容）。

3.1.2 实习组织

实习组织工作由课程主讲教师全面负责，每班配备2名教师担任实习指导工作。每班分为若干个实习小组，每组4～5人，设组长1人。实行组长负责制，组长负责全组的实习组织与分工、实习进程安排和借领仪器的管理等工作。

3.1.3 注意事项

（1）实习中，学生应遵守本指导手册中“工程测量实验与实习须知”的有关规定。

（2）实习期间，各组组长应切实负责，合理安排小组工作。应使每一项工作都由小组成员轮流担任，使每人都有练习的机会，切不可单纯追求实习进度。

（3）实习中，应加强团结。小组内、各组之间、各班级之间都应团结协作，以保证实习任务的顺利完成。

（4）实习期间，要特别注意仪器的安全。各组要指定专人妥善保管。每天出工和收工都要按仪器清单清点仪器和工具数量，检查仪器和工具是否完好无损。发现问题要及时向指导教师报告。

（5）观测员将仪器安置在脚架上时，一定要拧紧连接螺旋和脚架制紧螺旋，并由记录员复查。否则，由此产生的仪器事故，由两人分担责任。在安置仪器时，特别是在对中、整平后和搬站前，一定要检查仪器与脚架的中心连接螺旋是否拧紧。观测员必须始终守护在仪器旁，注意过往行人、车辆，防止仪器摔倒。若发生仪器事故，要及时向指导教师报告，不得私自拆卸仪器，以免造成更大的损失。

（6）使用全站仪时，要遵守本指导手册中“2.11 全站仪的认识及使用”中的有关规定。

要防日晒、防雨淋、防碰撞振动，切不可将全站仪望远镜对准太阳，以免损坏光电元件。镜站必须有人看管，以保证反射棱镜的安全和正确的安置。

（7）观测数据必须直接记录在规定的手簿中，不得用其他纸张记录再行转抄。严禁擦拭、涂改数据，严禁伪造成果。在完成一项测量工作后，要及时计算、整理有关资料并妥善保管好记录手簿和计算成果。

（8）严格遵守实习纪律。在测站上，不得嬉戏打闹，不看与实习无关的书籍或报纸。未经指导教师同意，不得缺勤，不得私自外出，否则后果自负。

3.1.4 编写实习报告

实习将要结束前，学生每人编写一份实习报告。编写格式和内容如下：

（1）封面：实习名称、地点、起止日期、班级、组号、姓名、学号和指导教师姓名。

（2）前言：简述本次实习的目的、任务及要求。

（3）实习内容：实习项目、测区概况、作业方法、技术要求、相关示意图（如：导线略图）、实习外业数据原始资料、实习成果及评价。

（4）实习总结：主要介绍实习中遇到的技术问题及处理方法，对实习的意见和建议，本人在实习中主要做了哪些工作及在实习中的收获。全文字数不得少于2000字。

3.1.5 实习成绩评定方法

（1）实习成绩按百分制记载。

（2）评定学生实习成绩主要依据以下四项：

1）实习期间的表现。主要包括：出勤率、实习态度、是否遵守学院及本次实习所规定的各项纪律、爱护仪器工具的情况。

2）操作技能。主要包括：对理论知识的掌握程度，使用仪器的熟练程度，作业程序是否符合规范要求。

3）手簿、计算成果和成图质量。主要包括：手簿和各种计算表格是否完好无损，书写是否工整清晰，手簿有无擦拭、涂改，数据计算是否正确。各项较差、闭合差是否在规定范围内。各项测量工作的精度是否符合要求，设计及测设数据计算和相关文字说明是否规范等。

4）实习报告。主要包括：实习报告的编写格式和内容是否符合要求，编写水平，分析问题、解决问题的能力及有无独特见解。

（3）学生如有以下情况时，指导教师还可以视情况严重程度给予处理：

1）实习中不论何种原因，发生摔损仪器事故，其主要责任人的实习成绩降1～2档次，同组成员连带一定责任者应适当降低成绩。

2）实习中凡违反实习纪律，缺勤天数超过实习天数的1/3，实习中发生打架事件，私自离校回家，未交成果资料和实习报告等，成绩均记为0分。

指导教师在巡视中应注意了解、观察学生实习中的情况，必要时还可根据所带班级实习的整体情况，进行口试、笔试或仪器操作考核。考核内容由指导教师自行确定，考核成绩作为评定学生实习成绩的重要依据。

指导教师应按照以上所规定的内容，评定每个学生的综合实习成绩。具体实习成绩评定标准见表 3-1（仅供参考，各位指导老师可以结合自己学院的实际情况及学生情况制定相关评分标准）。

表 3-1 综合实习成绩的评定标准

序号	项 目	基本要求	满分	考核依据	评 分
1	考勤与纪律	按时上下班，全勤、服从指挥、不影响他人、不损坏公共财物	14	实习日志 监督记录	1/3 缺勤，实习不及格，实行 8 小时工作制，迟到一次扣 1 分，隐瞒考勤加倍扣分
2	观测与计算	记录齐全、数据准确整洁、表格整齐、计算数据可靠、完成实习的观测任务	18	小组观测记录 个人计算资料（高程、导线等）	小组成果满分 9 分，个人成果满分 9 分，成果缺一扣 2 分，伪造成果 0 分
3	仪器操作	无事故全组仪器完好无损、操作熟练、数据整洁无误（角度、距离、高程、测图等）	20	实习日记 事故记录 操作考核材料	发生重大事故，实习不及格；记录满分 5 分，操作满分 10 分
4	绘图	按要求完成地形图测绘、地形图样符合实习要求、按要求完成地形图绘制	18	小组地形图 个人绘地貌图	小组满分 10 分 个人满分 8 分
5	施工测量放样	按要求布设施工控制网并测设细部轴线（按要求测量轴线位置）	10	控制测设资料及细部放样资料（放样图检核）	满分：施工控制 5 分，细部放样 5 分（含轴线放样）
6	总结报告	符合提纲要求、分析说明正确、按时提交成果	20	个人提交的实习报告	基本要求 15 分，有新创意 20 分，实习班干部协作好另加分

注 1. 抄袭成果视情况扣分，直至该项目扣为零分。
2. 违反操作规程损坏仪器设备，除扣分外还按设备处理赔偿。
3. 表中 1、2、3、4、5 项中有两项不及格，则实习不及格。总分不及格则实习不及格。
4. 不及格学生按学校规定到下一届学生班重新实习。

3.2 小地区控制测量教学实习

3.2.1 实习目的与要求

（1）熟练掌握常用测量仪器（水准仪、经纬仪、全站仪）的使用方法。

（2）掌握导线测量和等外水准测量的观测和计算方法。

3.2.2 实习任务

1. 平面控制导线测量

图根导线测量的观测和计算工作。

2. 高程控制等外水准测量

各小组施测一条线路总长超过 1km 的图根单一闭合水准路线（或附合水准线路）。

为保证每个学生在实习中得到训练，规定每个学生必须完成如下任务：

（1）图根经纬仪（或全站仪）导线测量。掌握经纬仪（或全站仪）的正确使用方法。按技术要求，完成不少于 2 个测站的观测、记录和一条单一导线的内业计算工作。

(2) 图根水准测量。完成不少于 4 个测站的图根水准测量的观测和记录，整条水准路线的高差配赋计算，要求按等外水准的作业规范施测。

3.2.3 仪器及工具

所有小组均领用：

(1) 导线测量每组领用：DJ_6 光学经纬仪一套（或某型号的全站仪一套，包括仪器主机 1 台、电池、充电器，棱镜标牌箱 2 个，脚架 3 个）、导线测量手簿 1 本、钢尺一把、木桩若干、记录板 1 块、标杆两根。自备小伞 1 把。

(2) 图根水准测量每组领用：DS_3 光学水准仪（带脚架）1 台，水准尺 1 对，尺垫 2 个。水准测量手簿 1 本。

3.2.4 技术要求及作业过程

实习主要依据《工程测量规范》(GB 50026—2007) 与《城市测量规范》(CJJ 8—1999) 的技术要求进行作业，主要技术指标及限差如下。

1. 图根导线测量

(1) 选点、建网。在测区内进行踏勘、设计、选点，宜在高级点间布设附合导线或闭合导线，一般不超过两次附合。

当测区内无高级控制点时，应与测区外已知点连测，或假定一点坐标和一边坐标方位角作为起算数据。

图根控制点应选在土质坚实、便于长期保存的地方，要方便安置仪器、通视条件良好，便于测角和测距、视野开阔便于施测碎部的地方。要避免选在道路中间。

最终，设计并布设一条 1km（导线边不超过 7 条）以内的闭合导线（或附合导线）。图根点选定后，应立即打桩并在桩顶钉一小钉或划“+”作为标志；或用油漆在地上画“⊕”作为标志并编号，画出导线略图。

因地形限制图根导线无法附合时可布设成支导线。支导线不多于两条边，长度不超过 300m，最大边长不超过 160m。边长可单程观测一测回。水平角观测首站应连测两个已知方向，观测一测回，其固定角不符值不应超过±40″；其他站水平角观测一测回。

图根导线可采用近似平差，计算方法可查阅教材有关章节。计算时角值取至秒，边长和坐标取至厘米。

(2) 图根导线的主要技术要求见表 3-2。

1) 水平角观测测回数：DJ_6 经纬仪一测回。

2) 导线边长的测量技术要求：用钢尺丈量，其相对误差不得低于 1/3000，用全站仪测量，其相对误差不得低于 1/4000。

表 3-2　　图根导线的主要技术要求

导线长度/km	平均边长/km	测距中误差/mm	测角中误差	导线全长相对闭合差	方位角闭合差
1.0	0.1	≤±15	≤±15″	≤1/2000	$\leqslant\pm60''\sqrt{n}$

(3) 导线外业测量及内业成果计算。依据经纬仪导线的外业工作方法，进行闭合导线的

实地布设，并作测量标记，且按逆时针顺次予以点位编号；然后按测量外业观测的技术规范进行导线边的水平距离测量，导线的转折角测量及连接角测量（若有高等级起算边的前提下；若无，则不需进行连接角测量，而应用罗盘仪进行导线起始边的磁方位角的测量，以此作为导线起边的坐标方位角进行内业计算），完成外业观测，得到导线边长和水平角度两组外业观测数据。具体参见本指导手册“2.12 经纬仪（或全站仪）图根导线测量”。

外业观测结束后，应对测量外业观测记录手簿进行全面检查，保证观测成果满足要求。然后利用导线内业成果计算表计算各导线点坐标。具体参见本指导手册“2.12 经纬仪图根导线测量实习”。

2. 图根水准测量

（1）测量前首先必须保证水准仪满足其理论要求，是一台合格的仪器。

（2）选点。图根点高程可用图根水准或图根光电测距三角高程测量方法测定，实习时要求采用图根水准测量方法。若采用图根光电测距三角高程测量方法，其图根三角高程导线应起闭于高等级高程控制点上，可沿图根点布设为附合路线或闭合路线。

当测区内无已知水准点时，可与测区附近已知水准点进行高程连测。连测时用四等水准测量方法往返测，其往返测高差不符值不超过$\pm 20\sqrt{L}$mm（L 为路线长度，以 km 计）。也可假定一点高程，成为独立高程系统。

本实习可以采用图根导线点中的高等级已知点为已知水准高程点（也可以用假定高程点），以所布设的图根导线点为待定水准高程点，建立一条约 1km 的闭合水准路线。

水准点用已埋设的固定图根控制点，点位标记及编号同导线点号。

（3）观测。等外水准测量采用中丝读数法，进行单程观测，以测出每测段两点间的高差。具体观测方法参见本指导手册“2.2 等外水准路线测量实习”。

等外水准测量测站观测限差见表 3-3（L 为水准路线长度，单位为 km）。

表 3-3　　等外水准测量测站观测限差

视线长度	前后视距差	前后视距累积差	黑红面读数差	黑红面高差之差	往返测高差不符值或环线闭合差
≤100m	≤5.0m	≤10.0m	—	≤3.0mm	$\leq\pm 40\sqrt{L}$mm

（4）计算各点高程。外业观测结束后，应对外业观测记录手簿进行全面检查。合格后，利用高差配赋表进行简单平差计算求得各点高程。

3. 绘制 1∶500 的控制网点图

当完成控制测量的外业、内业工作并计算出控制点的坐标后，首先准备一张标准测图纸，然后在实习指导老师的指导下，根据所求坐标点展绘一张 1∶500 的控制网点图。绘制时，先确定好图幅左下方格端点坐标，以便将各控制点全部展绘在图纸上，按照比例尺逐点展绘，以作为后面实习工作的依据。

3.2.5　上交资料

（1）各组应对完成的成果、资料按规范进行严格检查。实习结束，小组应提交以下资料：

1）闭合导线测量：导线略图，导线测量手簿。

2）水准测量：水准路线略图，水准测量手簿。

3）1∶500 的控制点网点图。

（2）个人应提交下列资料：

1）导线计算表 1 份（要求每人根据外业观测数据独立计算，不得抄袭）。

2）高差配赋表 1 份（要求每人根据外业观测数据独立计算，不得抄袭）。

3）实习报告 1 份。

3.3 大比例尺地形图测绘

3.3.1 实习目的与要求

（1）熟练掌握常用经纬仪和全站仪的使用方法。

（2）了解大比例尺地形图的基本要求和成图过程（经纬仪测图或全站仪数字测图）。

（3）掌握小地区大比例尺地形图的测绘方法，若为数字测图，应熟习常用测绘软件的使用方法。

3.3.2 实习任务

在为期 1 周（或半周）的实习时间内，各小组测绘范围为 150m×150m 的 1∶500 比例尺地形图。

3.3.3 仪器及工具

各组配备下列仪器和工具：DJ_6 经纬仪 1 台（配套脚架）、小平板 1 付（配脚架）、视距尺 1 把、钢尺 1 把、量角器 1 把、测图纸 1 张（图幅为 50cm×50cm）、小针 2 根、铅笔 2 支、工具包 1 个、记录板 1 块、小伞 1 把；三角板及计算器自备。

若为全站仪数字测图，则配备全站仪 1 台（附相关配件），不需经纬仪及小平板。另需准备 2m 钢卷尺 1 把。

3.3.4 技术要求

实习主要依据《城市测量规范》CJJ 8—1999 的技术要求进行作业。

（1）测图比例尺为 1∶500，基本等高距为 0.5m。

（2）图上地物点相对于邻近图根点的点位中误差应不超过图上±0.5mm；邻近地物点间距中误差应不超过图上±0.4mm。

（3）高程注记点相对于邻近图根点的高程中误差不得大于±0.15m。

3.3.5 作业过程

依据实习场地上建立好的图根控制网，在指定测区范围内完成碎部测量工作，最终编绘地形图。

1. 准备工作

将控制点、图根点平面坐标和高程值抄录在成果表上备用。同时准备测图纸，并展绘控制点（可以利用上个实习的成果1∶500的控制点网点图直接使用）。

若为数字测图，则每日施测前，应对数据采集软件进行试运行检查，对输入的控制点成果数据需显示检查。

2. 数据采集方法及要求

实习采用经纬仪加量角器成图方法（或全站仪加掌上电脑的数字测图方法）测绘。

碎部点坐标测量采用极坐标法即视距测量法，也可采用量距法和交会法等作为补充，碎部点高程采用三角高程测量。

设站时，仪器对中误差不应大于5mm，照准一图根点作为起始方向，观测另一图根点作为检核，算得检核点的平面位置误差不应大于图上0.2mm。检查另一图根点高程，其较差不应大于0.1m。

每站测图过程中，应经常归零检查，归零差不应大于4′。仪器高和视距尺目标高应量记至毫米。

采集数据时，水平角度读记至分（若为数字测图应读记至秒），距离应读记至毫米。测距最大长度为150m。高程注记点应分布均匀，间距为15m，平坦及地形简单地区可放宽至1.5倍。高程注记点应注至厘米。

地形较复杂的地方，应在采集数据的现场，实时绘制草图。

每天工作结束后应及时对采集的数据进行检查。若草图绘制有错误，应按照实地情况修改草图。若数据记录有错误，可修改测点编号等，但严禁修改观测数据，否则须返工重测。对错漏数据要及时补测，超限的数据应重测。

3. 测量内容及取舍

测量控制点是测绘地形图的主要依据，在图上应精确表示。

房屋的轮廓应以墙基外角为准，并按建筑材料和性质分类，注记层数。房屋应逐个表示，临时性房屋可舍去。

建筑物和围墙轮廓凸凹在图上小于0.4mm，简单房屋小于0.6mm时，可用直线连接。

校园内道路应将车行道、人行道按实际位置测绘。其他道路按内部道路绘出。

沿道路两侧排列的以及其他成行的树木均用“行树”符号表示。符号间距视具体情况可放大或缩小。

电线杆位置应实测，可不连线，但应绘出电线连线方向。

架空的、地面上的管道均应实测，并注记传输物质的名称。地下管线检修井、消防栓应测绘表示。

各项地理名称注记位置应适当，无遗漏。居民地、道路、单位名称和房屋栋号应正确注记。

其他地物参照《城市测量规范》合理取舍。

具体作业方法参见本指导手册“2.13经纬仪测绘法测绘地形图”的相关内容。

4. 地形图编辑和绘制

对外业采集的数据进行逐点展绘，并用适当的图式符号进行连线，当整个测区测绘完毕后进行检查，避免漏测，最终对图纸进行整饰，绘制成图。若为数字测图，对外业采集的数据进行计算机数据处理，并在人机交互方式下进行地形图编辑，生成数字地形图图形文件。在绘图仪上输出1∶500地形图。

5. 成图质量检查

对成图图面应按规范要求进行检查。检查方法为室内检查、实地巡视检查及设站检查。检查中发现的错误和遗漏应予以纠正和补测。

3.3.6 上交资料

（1）实习结束时，小组应提交如下资料：

1）原始数据文件、碎部点成果文件。

2）1∶500 地形图一幅。

（2）个人应提交下列资料：实习总结。

3.4 施工控制测量及建筑物轴线定位、放线测量

3.4.1 实习目的与要求

（1）熟练掌握常用测量仪器（水准仪、经纬仪、全站仪）的使用方法。

（2）掌握地形图的基本应用方法，能依据地形图进行坐标计算。

（3）掌握施工控制测量的控制网设计、坐标值的计算、控制点测设数据的计算及控制网的实地测设的工作方法。

（4）掌握建筑物定位轴线的测设方法，轴线控制桩的引测以及建筑物细部轴线的测设的方法。

（5）掌握建筑物底层室内地坪±0.000 的测设方法以及基槽的抄平方法。

3.4.2 实习任务

1. 图纸设计

首先在每组所测绘的 1∶500 的地形图上进行拟建建筑物平面位置设计。先依据地形图找一块可以完成施工阶段测设工作的空场地，然后在此场地对应的图上位置进行建筑物定位轴线的设计，要求绘制一简单的建筑物底层平面图（民用建筑物），确定出定位轴线及主要细部轴线的尺寸关系，并标注于图上。在图上设计一适当的建筑基线，要求采用“三点一字型”（或其他的基线型式）的基线形式（此过程在实习指导老师的指导下完成，可参见配套教材第 7 章的相关内容）。最后，按照地形图的基本应用知识所介绍的方法，计算出建筑物定位轴线点的平面坐标和建筑基线点的平面坐标，并根据实地的标高定出该建筑物底层室内地坪±0.000 所对应的设计标高及建筑物基础的相对标高。

2. 施工控制测量

在前面工作的基础上，利用测图前所建立的控制点网图，采用极坐标法将设计在图上的“三点一字型”的建筑基线点测设于实地，以作为施工放样测量的根据。

利用经纬仪导线点的高程对各基线点进行高程测量，要求用等外水准的作业方法进行测量（若精度要求高时，应采用三、四等水准作业法进行测量），以作为建筑物的设计标高测设的依据。

3. 建筑物的定位、放线测量

依据建筑基线点，采用直角坐标法（或极坐标法）测设所设计的建筑物的定位轴线的平

面位置，并建立角桩，然后将各轴线角桩进行引测，在基础开挖边线之外 2m 处测设轴线控制桩；最后利用钢尺按照测设已知水平距离的方法，依据所设计的定位轴线与主要细部轴线的尺寸关系，测设出细部轴线的位置，同样的对其进行轴线控制桩的引测。

4. 建筑物±0.000 的测设及基槽的水平桩的测设

利用建筑基线点，按照测设已知高程的方法，在所建立的轴线控制桩上测设±0.000 位置线，然后依据该标记测设待开挖的基槽水平桩的位置。

3.4.3 仪器及工具

所有小组均领用：

(1) DJ_6（或 DJ_2）光学经纬仪一套（或某型号的全站仪一套，包括仪器主机 1 台、电池，充电器，棱镜标牌箱 2 个，脚架 3 个）、导线测量手簿 1 本、钢尺 1 把、木桩若干、记录板 1 块、标杆两根。自备小伞 1 把。

(2) DS_3 光学水准仪（带脚架）1 台，水准尺 1 对，水准测量手簿 1 本。

3.4.4 实习作业过程

1. 图纸设计及设计点坐标计算

按照任务的要求，各小组在老师的指导下在所测绘的地形图上完成拟建建筑物平面图及建筑基线的设计工作（其图上设计建筑物的大小尺寸由实习指导老师根据实地场地情况给定），并依据地形图，用图解几何方法计算出设计建筑物各定位轴线点和建筑基线点的平面坐标。要求设计建筑物及建筑基线时，建筑物的基线控制网与建筑物的主轴线平行或垂直。如图 3-1 所示，N_1、N_2、N_3 为测图时所建立的三个控制点，在其附近有一待建的空场地，由此可在图上设计一个简单的民用建筑物 $ABDC$，其定位轴线点如图中所示。为了进行该建筑物的施工，特设计了一条“三点一字型”的建筑基线 1—2—3。

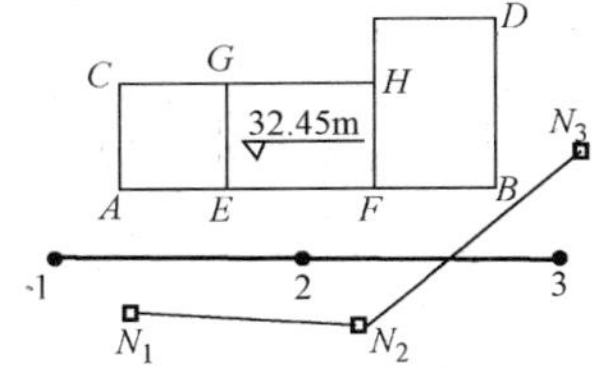

图 3-1 “三点一字型”建筑基线

该建筑物的平面图如图 3-2 所示，在图上标注了各轴线间的尺寸关系。这样，利用 1∶500 的地形图，便可计算出各设计点位的平面坐标及基线点的坐标，同时依据场地的实际高程，定出了该建筑物的±0.000 相对应的设计标高为 32.45m，并假定基础标高为 −1.50m。以下即可依据此设计进行建筑物的施工测量工作。

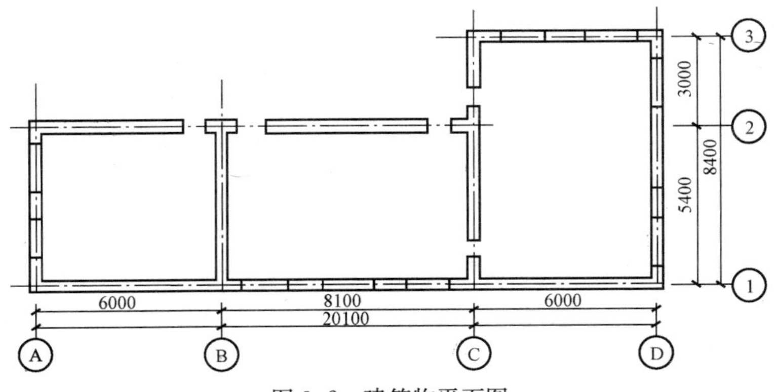

图 3-2 建筑物平面图

2. 施工控制测量（测设步骤参见配套教材第 7 章）

（1）根据实地控制点 N_1、N_2、N_3 测设建筑基线点。采用极坐标法完成建筑基线的实地测设工作。

1）计算测设数据。根据勘测阶段的测量控制点 N_1、N_2、N_3 的坐标及设计的基线主点 1、2、3 的坐标，反算测设数据 r_1、r_2、r_3 和 θ_1、θ_2、θ_3（计算方法参见配套教材第 7 章）。

2）测设主点。分别在控制点 N_1、N_2、N_3 上安置经纬仪，按极坐标法测设出三个主点的定位点 $1'$、$2'$、$3'$，并用大木桩标定。

3）对三个定位点进行实测检查。安置经纬仪于 $2'$，测量 $\angle 1'2'3'$，若观测角值 β 与 $180°$ 之差大于 $24''$，则应调整。

4）调整三个定位点的位置。先根据三个主点之间的距离 a、b 按下式计算出点位调整数 δ，即 $\delta=\frac{ab}{a+b}\left(90°-\frac{\beta}{2}\right)''\frac{1}{\rho''}$。若 $a=b$ 时，则得 $\delta=\frac{a}{2}\left(90°-\frac{\beta}{2}\right)''\frac{1}{\rho''}$。式中，$\rho''=206265''$。然后将定位点按 δ 值移动调整到 1、2、3，再检查并调整，直至误差在允许范围内为止。（参见配套教材第 7 章）

5）调整三个定位点之间的距离。先检查 1、2 及 2、3 间的距离，若检查结果与设计长度之差的相对误差大于 1/10000，则以 2 点为准，按设计长度调整 1、3 两点，最终定出三主点 1、2、3 的位置。

（2）利用水准仪按照等外水准的精度标准，由控制点测量三个基线点的实地高程，以作为建筑物设计标高测设的依据。具体测量方法参见本指导手册 2.1 中两点高差测量方法。

3. 建筑物的定位放线测量

由于布设的建筑基线与建筑物定位轴线平行，因而可采用直角坐标法完成建筑物的定位测量工作。

（1）计算测设数据。依据计算出的建筑物定位轴线点的坐标及基线点的坐标，计算各建筑物定位轴线点按照直角坐标法进行放样所需的测设数据，一般按就近放样的原则进行放样，由此在本例中，应由 1 点测设 A、C 点；由 3 点测设 B、D 点，因而利用坐标可计算出相对应的测设数据 Δx、Δy。

（2）分别在 1、3 点安置经纬仪，后视 2 点，即可用直角坐标法测设各定位轴线点，使其与控制点的坐标差等于计算的测设值。

（3）将 A、C 点及 B、D 点测设好后，应进行检核，点位间的距离相对误差不得低于 1/5000 的精度；与 $90°$ 角度的偏差不得超过 $\pm 30''$。否则，应予以点位调整，直至达到精度要求。合格后打上木桩，并在桩顶相应位置钉上小钉，以标示各轴线角桩。

（4）依据定位角桩在定位轴线边上，利用钢尺按照测设已知水平距离的方法测设建筑物的细部轴线点。例如：在已测设好的轴线边 AB 上，从 A 点起，分别测设 E、F 点，使 $AE=6.000$m、$EF=8.100$m，在实地标出 E、F 点；然后利用 E、F 点，分别安置经纬仪，各自测设一直角方向，并利用测设测设已知水平距离的方法测设出 G、H 等细部轴线点，最后进行检核，直至达到精度标准，并相应打上木桩以建立轴线标志。

（5）由于在实际施工中，此时测设的轴线桩将在基础开挖时被挖掉，因而为了后期施工的方便，应进行引桩测量工作。

依据轴线角桩及细部轴线桩，在基槽开挖边线 2～4m 的地方，在基槽外各轴线的延长线上测设引桩，测好后应打上轴线控制桩（或钉设龙门桩、龙门板）。具体测设方法参见配套教材第 8 章。

实际上，进行定位轴线的放样及细部轴线的测设，也可以采用其他方法，具体施测方法可根据施工场地情况合理确定。例如上例中，也可直接在测图控制点（必须满足精度要求）上采用极坐标法放样建筑物的定位轴线点。

4. 建筑物±0.000 的测设及基槽的水平桩的测设

轴线控制桩测设好后，即可利用水准仪，以基线点（或前期控制点）为高程测设的基点，按照测设已知高程的测设方法，在各轴线控制桩上测设出建筑物±0.000 的设计高度位置，并用红油漆画“▼”，做好标记。具体测设方法参见本指导手册“2.16 施工场地±0.000标高及直线坡度的测设”的相关内容。

最后，依据轴线控制桩上的±0.000，在基槽开挖到接近基础底部位置时测设出基槽壁上的各水平桩，依然是采用测设已知高程的方法进行测设。

3.4.5 上交资料

（1）各组应对完成的成果、资料按规范进行严格检查。实习结束，小组应提交以下资料：

1）设计图纸一份：应标注出各建筑物定位轴线设计点的平面坐标、建筑基线点的坐标、建筑物底层室内地坪±0.000 所对应的设计标高。

2）施工控制测量：各基线点的测设略图及各点的测设数据。

3）水准测量：基线点水准高程外业数据及内业计算表。

4）建筑物的定位放线测量：各点放样的测设数据及测设略图。

5）建筑物±0.000 的测设及基槽内水平桩的测设：标高测设数据资料。

（2）个人应提交下列资料：

1）利用地形图计算各设计点的坐标计算数据资料。

2）实习报告一份。

第4部分　附　　录

4.1　测量工作中的常用计量单位

在测量工作中，常用的计量单位有长度、面积、体积和角度四种。

4.1.1　长度单位

我国法定长度计量单位采用米（m）制单位。

1m（米）＝100cm（厘米）＝1000mm（毫米）

1km（千米或公里）＝1000m（公里为千米的俗称）

4.1.2　面积单位

我国法定面积计量单位为平方米（m^2）、平方厘米（cm^2）、平方公里（km^2）。

$$1m^2=10000cm^2$$

$$1km^2=1000000m^2$$

4.1.3　体积单位

我国法定体积计量单位为立方米（m^3）。

4.1.4　角度单位

测量工作中常用的角度度量制有三种：弧度制、60进制和100进制。其中弧度和60进制的度、分、秒为我国法定平面角计量单位。

1. 60进制在计算器上常用符号“DEG”表示

1圆周＝360°（度）

1°＝60′（分）

1′＝60″（秒）

2. 100进制在计算器上常用符号“GRAD”表示

1圆周＝400g（百分度）

1g＝100c（百分分）

1c＝100cc（百分秒）

1g＝0.9°　1c＝0.54′　1cc＝0.324″

1°＝1.11111g　1′＝1.85185c　1″＝3.08642cc

百分度现通称“冈”，记作“gon”，冈的千分之一为毫冈，记作“mgon”。例如0.058gon＝58mgon。

3. 弧度制在计算器上常用符号“RAD”表示

1圆周＝360°＝2πrad

$$1° = (\pi/180)\ \text{rad}$$

$$1' = (\pi/10800)\ \text{rad}$$

$$1'' = (\pi/648000)\ \text{rad}$$

一弧度所对应的度、分、秒角值为：

$$\rho° = 180°/\pi \approx 57.3°$$

$$\rho' = 180 \times 60'/\pi \approx 3438'$$

$$\rho'' = 180 \times 60 \times 60''/\pi \approx 206265''$$

4.2　测量计算中的有效数字

4.2.1　有效数字的概念

测量结果都是包含误差的近似数据，在其记录、计算时应以测量可能达到的精度为依据来确定数据的位数和取位。如果参加计算的数据的位数少了，就会损坏外业成果的精度并影响计算结果的应有精度；若位数取多了，容易使人误认为测量精度很高，且增加了不必要的计算工作量。

一般说来，对一个数据取其可靠位数的全部数字加上第一位可疑数字，就称为这个数据的有效数字。

一个近似数据的有效位数是该数中有效数字的个数，指从该数左方第一个非零数字算起到最末一个数字（包括零）的个数，它不取决于小数点的位置。

4.2.2　数字凑整规则

由于数字的取舍而引起的误差称为“凑整误差”或“取舍误差”。为避免取舍误差的快速积累而影响测量成果的精度，在计算中通常采用如下的凑整规则：

（1）若拟舍去的第一位数字是 0～4 中的数，则被保留的末位数不变。

（2）若拟舍去的第一位数字是 6～9 中的数，则被保留的末位数加 1。

（3）若拟舍去的第一位数字是 5，其右边的数字并非全部为 0，则被保留的末位数加 1；若拟舍去的第一位数字是 5，其右边的数字全部为 0，则被保留的末位数是奇数时就加 1，是偶数时就不变。

4.2.3　数字运算规则

在数字运算中，往往需要运算一些带有凑整误差的不同小数位的数值，这时应按下列规则进行合理取位。

（1）加减运算。在加减时，各数的取位是以小数位数最少的数为标准，其余各数均凑整成该数多一位的小数。多保留一位的目的是为了不因凑整而严重影响结果的精度。

（2）乘除运算。乘除时，各数的取位是以“数字”个数最少为准，其余各数及乘积（商）均凑整成比该数多一个“数字”的数，该“数字”与小数点位置无关。

有时，相乘的两个因子的第一个数字相乘的两位数，在这种情况下，乘积的有效数字将多一位。

（3）三角函数。三角函数值的取位与角度误差的对应关系如下：

角度误差	10″	1″	0.1″	0.01″
函数值位数	5位	6位	7位	8位

4.3 测绘软件CASS简介

CASS地形地籍成图软件是基于AutoCAD平台技术的数字化测绘数据采集和成图系统，广泛应用于地形成图、地籍成图、工程测量三大领域。CASS软件的最新升级版CASS7.0以AutoCAD2006为平台，充分利用2006平台的最新技术，全面采用真彩色XP风格界面，重新编写和优化了底层程序代码，大大完善了等高线、电子平板、断面设计、图幅管理等技术，并使系统运行速度更快更稳定；同时7.0版大量使用真彩色快捷工具按钮、全新的CELL技术，使界面操作、数据浏览管理、系统设置更加直观和方便。

CASS7.0全面面向GIS，彻底打通数字化成图系统与GIS接口，使用骨架线实时编辑、简码用户化、GIS无缝接口等先进技术。自CASS软件推出以来，已经成长为用户量最大、升级最快、服务最好的主流成图系统。系统不仅满足地形、地籍图测绘，还能方便地绘制道路纵、横断面图形以及与房屋相关的地形地物图。

4.3.1 CASS7.0的安装

CASS7.0的安装应该在安装完AutoCAD 2006并运行一次后才进行。打开CASS7.0文件夹，找到setup.exe文件并双击它，屏幕上将出现CASS7.0的安装向导，提示用户进行软件的安装。稍等得到如图4-1所示的“欢迎”界面。

在图4-1中单击“下一步”按钮，得到“许可证协议”对话框，单击“是”按钮，弹出“客户信息”对话框，在此填入客户信息，单击“下一步”，弹出“选择目的位置”对话框，如图4-2所示。

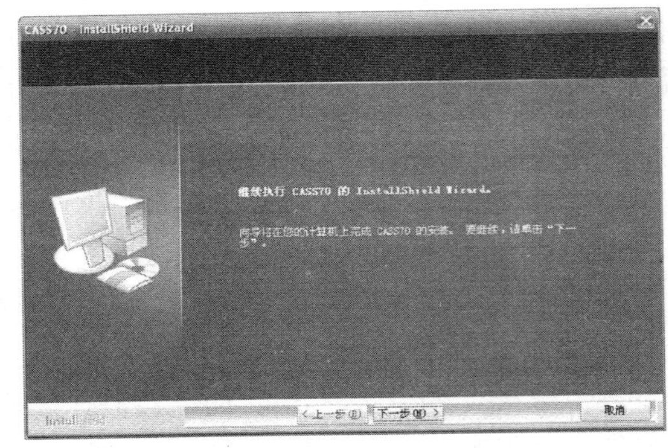

图4-1 CASS7.0软件安装“欢迎”界面

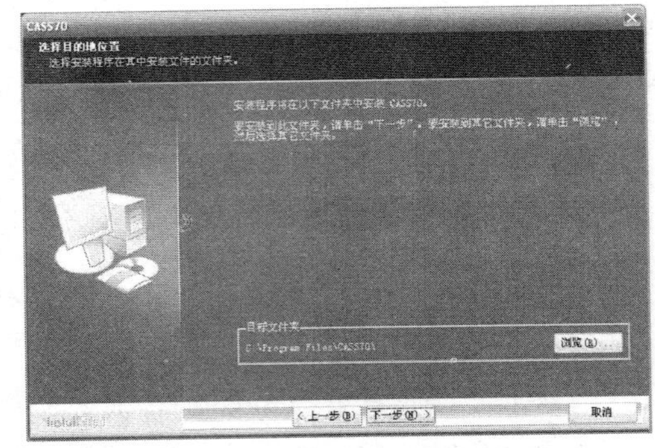

图4-2 “选择安装目的位置”对话框

在图4-2中可以看到安装软件默认的安装位置是C：\Program Files\CASS7.0，用户也可以通过单击“浏览”按钮从弹出的对话框中修改软件的安装路径。如果已选择好了安装路径，则可以单击“下一步”按钮开始进行安装。安装过程中自动弹出软件狗的“驱动安装向导”对话框，单击“下一步”，开始安装。安装完成后，在完成安装界面中单击“完成”按钮，结束 CASS7.0 的安装。

4.3.2 CASS7.0 更新

当用户第二次安装软件时（南方公司的网站上下载的补丁程序的安装过程中无须人工干预，程序将找到当前 CASS 的安装路径，自动完成安装），CASS 软件提供了安全的升级方式。打开 CASS7.0 安装文件文件夹，找到 setup.exe 文件并双击它，屏幕上将出现 CASS7.0 的安装向导，提示用户进行软件的安装。稍等得到图 4-3 所示的界面。

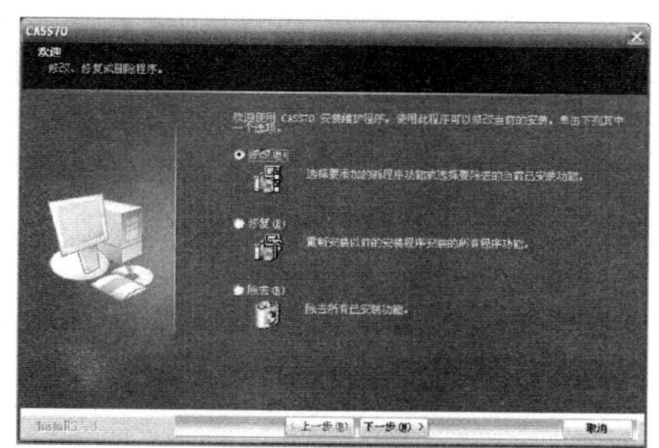

图 4-3 “修改、修复或删除”对话框

用户可以根据自己的情况选择不同的选项，下面将分别介绍各选项的含义。

（1）修改：要添加新程序组件或要删除当前已安装组件时，选择该项，单击“下一步”按钮，弹出“选择组件”界面，根据具体情况选择要添加或删除的组件，单击“下一步”，软件自动根据用户的选项完成相应的操作。

（2）修复：要重新安装以前安装程序所安装的所有程序组件时，选择该项，单击“下一步”按钮，开始重新安装 CASS7.0 软件。

（3）删除：要删除所有已安装组件时，选择该项，单击“下一步”按钮，弹出“确认卸载”对话框，选择“确定”按钮将完全删除所选应用程序及其所有组件。

4.3.3 CASS7.0 命令主菜单

CASS7.0 的主界面如图 4-4 所示，与 AutoCAD 非常相似。其所有的功能几乎可以通过主菜单及其下拉菜单来完成，并且每个菜单均以对话框或命令行提示的方式与用户交互应答，操作灵活方便。为了更好地了解 CASS 的主要功能，现从主菜单入手，来介绍 CASS 的主要功能。

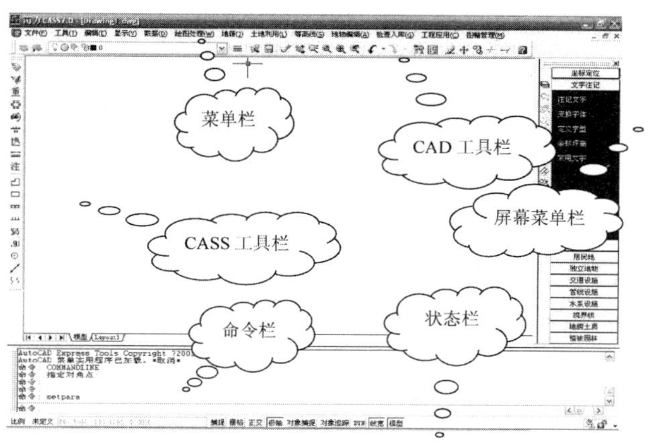

图 4-4 CASS7.0 主界面

因为 CASS7.0 是以 AutoCAD 2006 为平台，所以 CASS7.0 的顶部下拉菜单几乎包含了所有的 CASS7.0 命令和 AutoCAD 2006 的编辑命令，如文件管理、图形编辑、工程应用等。下面列出各菜单项的下拉菜单属于 CASS 命令的各项功能。通过这些下拉菜单项可大致了解 CASS 的主要功能。

1. 文件

用于控制文件的输入、输出，对整个系统的运行环境进行修改设定［图 4-5 (a)］。

(1) 加入 cass 环境。可将 CASS7.0 系统的图层、图块、线型等加入在当前绘图环境中。

(2) CASS7.0 参数配置。系统会弹出一个对话框，其中有四个选项卡：“地物绘制”、“电子平板”、“高级设置”、“图框设置”，可分别点击每一个选项卡，设置其中的内容。

(3) CASS 系统配置和 AutoCAD 系统配置。可打开 AutoCAD2006 “选项” 对话框，用户可以在此对 CASS7.0 的工作环境进行设置。

图 4-5 “文件”、“工具”、“编辑” 菜单的下拉菜单

(a) “文件” 菜单；(b) “工具” 菜单；(c) “编辑” 菜单

2. 工具

为用户在编辑图形时提供绘图工具 [图 4-5 (b)]。

(1) 前方交会。可用两个夹角交会一点，即指定两个点，并输入每一个点对应的观测角，就可交会出第三点。再在需要定点的一侧用鼠标点一下，在屏幕画出该点。

(2) 边长交会。用两条边长交会出一点，即输入两个点并输入由每一点开始延伸的距离，再在需要定点的一侧用鼠标点一下，在屏幕画出该点。

当两边长之和小于两点之间的距离不能交会；两边太长，即交会角太小也不能交会。

(3) 方向交会。将一条边绕一端点旋转指定角度与另一边交会出一点。

(4) 支距量算。已知一点到一条边垂线的长度和垂足到其一端点的距离得出该点。

3. 编辑

通过调用 AutoCAD 命令，灵活方便地使用编辑功能来编辑图形 [图 4-5 (c)]。

编组选择。编组开关关闭后可以单独编辑骨架线或填充边界。

4. 数据

提供数据处理 (图 4-6)。

(1) 查看实体编码：显示所查实体的 CASS7.0 内部代码以及文字说明。

(2) 加入实体编码：为所选实体加上 CASS7.0 内部代码。

(3) 生成用户编码：将 index.ini 文件中对应图形实体的编码写到该实体的厚度属性中去，为用户使用自己的编码提供可能。

(4) 编辑实体地物编码：相当于 “属性编辑”，用来修改已有地物的属性以及显示的方式。

(5) 生成交换文件：将图形文件中的实体转换成 CASS7.0 交换文件。

(6) 读入交换文件：将 CASS7.0 交换文件中定义的实体画到当前图形中，和“生成交换文件”是一对相逆过程。

(7) 屏幕菜单功能切换：将屏幕菜单功能在绘制和匹配之间进行切换，匹配即将未加属性的实体直接加上相应的属性。

(8) 导线记录：生成一个完整的导线记录文件用于做导线的平差。

(9) 导线平差：对导线记录做平差计算。

(10) 读取全站仪数据：将电子手簿或全站仪内存中的数据传入 CASS7.0 中，并形成 CASS7.0 专用格式的坐标数据文件。

(11) 坐标数据发送：将 CASS 中坐标数据直接发送到电子手簿或带内存的全站仪中去。

图 4-6 “显示”、“数据”、“绘图处理”菜单的下拉菜单

(12) 坐标数据格式转换：本功能可将南方 RTK 和海洋成图软件 S—CASS 的坐标数据转换成 CASS7.0 格式，另外现在很多全站仪带有内存，可代替电子手簿存储野外数据，本功能可把全站仪的坐标数据文件转换成 CASS7.0 的坐标数据文件。

(13) 测图精灵格式转换：将测图精灵（南方测绘仪器公司的野外采集器）采集的数据图形传输到 CASS 成图软件中出图。

(14) 原始测量数据录入：此项菜单和下一项菜单主要是为使用光学仪器的用户提供一个将原始测量数据向 CASS7.0 格式数据转换的途径。

(15) 原始数据格式转换：将原始测量数据转换为 CASS7.0 格式的坐标数据。现支持测距仪和经纬仪视距法两种操作方式。

(16) 批量修改坐标数据：可以通过“加固定常数”、“乘固定常数”、“XY 交换”三种方法批量地修改所有数据或高程为 0 的数据。

(17) 数据合并：将不同观测组的测量数据文件合并成一个坐标数据文件，以便统一处理。

(18) 数据分幅：将坐标数据文件按指定范围提取生成一个新的坐标数据文件。

(19) 坐标显示与打印：提供对坐标数据文件的查看与编辑。

(20) GPS 跟踪：用于 GPS 移动站与 CASS7.0 的连接。

5. 绘图处理（图 4-6）

(1) 定显示区：通过给定坐标数据文件定出图形的显示区域。每作一幅新图形时最好先做这一步。但若是没有做这一步，也可随后用右侧屏幕菜单中的“缩放全图”按钮实现全图显示。

(2) 改变当前图形比例尺：CASS7.0 根据输入的比例尺调整图形实体，具体为修改符号和文字的大小、线型的比例，并且会根据骨架线重构复杂实体。

(3) 展高程点：批量展绘高程点。

(4) 高程点建模设置：设置高程点是否参加建模。

(5) 高程点过滤：从图上过滤掉距离小于给定条件的高程点，适用于高程点过密时。

(6) 水上成图：批量展绘水上高程点，与展高程点操作类似，与展高程点不同之处在于所展高程点位是小数点位。

(7) 高程点处理。其下级菜单有：

1) 打散高程注记：使高程注记时的点位和注记打散。

2) 合成打散的高程注记（与“打散高程点注记”功能互为逆过程）。

(8) 野外测点点号：展绘各测点的点名及点位，供交互编辑时参考。操作同展高程点。

(9) 野外测点代码：展绘各测点编码及点位（在简码坐标数据文件或自行编码的坐标数据文件里有），供交互编辑时参考。

(10) 野外测点点位：仅展绘各测点位置（用点表示），供交互编辑时参考。

(11) 切换展点注记：用户在菜单命令“展野外测点点号”或“展野外测点代码”或“展野外测点点位”后，可以执行“切换展点注记”菜单命令，使展点的方式在“点位”、“点号”、“代码”和“高程”之间切换，做到一次展点、多次切换，满足成图出图的需要。

(12) 展控制点：批量的展出控制点。

(13) 编码引导：根据编码引导文件和坐标数据文件生成带简码的坐标数据文件。使用该项功能前，应该先根据草图编辑生成“引导文件”。

(14) 简码识别：将简编码坐标数据文件转换为 CASS7.0 交换文件及一些辅助数据文件供下面的“绘平面图”用。

(15) 图幅整饰：对已绘制好的图形进行分幅、加图框等工作。

(16) 图形梯形纠正：如果你所用的是 HP 或其他系列的喷墨绘图仪，在用它们出图时，所得到图形的图框的两条竖边可能不一样长，这项菜单的主要功能就是对此进行纠正。

6. 地籍 [图 4-7 (a)]

(1) 地籍参数设置：为适应不同图式如注记、小数位数、宗地图框等的需要而提供一个可以修改或自定义设置的环境。

(2) 绘制权属线：直接绘制具有宗地号、权利人、土地利用类别属性的宗地界线。

(3) 复合线转为权属线：将封闭的复合线转换为权属线。

(4) 权属生成：生成地籍图成图所需的权属信息文件。

(5) 依权属文件绘权属图：依照权属信息文件绘制权属图。

(6) 修改界址点号：将原来老的界址点的编号改为新的编号。

(7) 重排界址点号：改变界址点的起点号，使本宗地其他界址点号依次改变。

(8) 设置最大界址点号：设置当前最大的界址点号，则下一宗地的起始界址点号为当前最大界址点号加 1。

(9) 修改界址点号前缀：批量修改界址点号的前缀。

（10）删除无用界址点：此功能用于删除没有界址线连接的界址点。

（11）注记界址点点名：将图上的界址点注记其界址点名或去掉界址点的点名注记。

（12）界址点圆圈修饰：根据出图需要对界址点圆圈进行修饰以使其符合出图标准。

（13）调整界址点顺序：调整界址点成果输出时的顺序。图面上的界址点号不变，但在界址点成果输出中界址点的前后顺序会发生改变。

（14）界址点生成数据文件：根据图上已有界址点生成界址点数据文件。

（15）查找宗地：可以输入单个条件进行指定查询，亦可输入多个条件进行组合查询，默认的是进行宗地号的查询，执行完毕，将自动定位到查询得到的第一个宗地。

（16）查找指定界址点：在当前的地籍图中查找指定的界址点。

（17）宗地合并：将相邻且具有至少一条公共边的两块宗地合并为一宗地。

(a)　(b)　(c)

图 4-7　“地籍”、“土地利用”、“等高线”菜单的下拉菜单

（a）“地籍”菜单；（b）“土地利用”菜单；（c）“等高线”菜单

（18）宗地分割：将一宗地依公共边分割成两宗地。分割之后的两宗地属性都相同，需用“修改宗地属性”来修改。

（19）宗地重构：根据图上界址线重新生成一遍图形，当宗地界址点或边发生移动时可通过宗地重构实时调整宗地面积。

（20）修改建筑物属性：设置和改变建筑物结构及层数；自动将所选建筑物所有边长计算出来并自动注记在各边上；计算单块宗地内建筑物的总面积；将宗地内建筑物加上面积和边长注记；该面积为建筑物首层面积；将宗地内建筑物注记，进行重新生成。

（21）修改宗地属性：为宗地提供一个属性管理器，可方便地查询、修改、添加宗地的属性。

（22）修改界址线属性：编辑界址线的属性。

（23）修改界址点属性：编辑界址点的属性。

（24）输出宗地属性：将宗地的属性输出到 ACCESS 数据库中。

（25）绘制地籍表格：提供多种地籍表格的绘制输出。

（26）绘制宗地图框：给已作的宗地图加绘相应的图框，并将图形进行适当比例的缩放以适应指定图框的尺寸。在普通情况下宗地图在比例缩放后，大小会发生变化，这时界址线的宽度、界址点圆圈的半径以及文字、符号的大小会和要求不符，而用本功能画宗地图可自动调整实体的大小粗细，使最后出来的图面符合图式要求。

7. 土地利用

绘制行政区界，生成图斑等地类要素，对土地利用情况进行统计［见图 4-7（b）］。

（1）行政区：主要用于绘制行政区划线，包括村界、乡镇界、县区界。属性修改用来修改行政区的属性。

（2）村民小组：主要用于绘制小组界。

（3）图斑：主要用于绘制土地利用图斑，生成图斑并赋予图斑基本属性。统计图上图斑面积，方法同绘制行政区界。

（4）线状地类：绘制线形地类并赋予相关的属性数据。

（5）地类要素属性修改：修改已有图斑的属性内容。

（6）线状地类扩面：将已有的线状地类按照它的宽度属性数据进行扩面生成面状图斑实体。

（7）线状地类检查：检查图面上是否有跨越图斑的线状地类，并提示是否纠正。

（8）图斑叠盖检查：检查图面上是否有相互叠盖的面状图斑，并提示叠盖的位置。

（9）分级面积控制：检查上下级行政区的面积统计情况。

（10）统计土地利用面积：统计图面上的土地利用情况。

（11）绘制境界线：绘制各种境界线。

（12）设置图斑边界：将各种复合线线实体设置为图斑边界。

（13）取消图斑边界设置：将已经设置为图斑边界的线实体取消它的图斑边界设置。

（14）图斑自动生成：按照境界线、行政区界、图斑边界围成的封闭区域生成用地地界及用地界址点，并将相应小区块生成面状图斑。

（15）用地界址点名：修改、注记、取消注记。修改界址点点名；注记界址点点名；取消界址点名称注记。

（16）图斑加属性：给生成的图斑加属性。

（17）搜索无属性图斑：搜索并定位到没有赋予属性图斑。

（18）图斑颜色填充：对图斑进行颜色填充。

（19）删除图斑颜色填充：删除图斑的颜色填充。

（20）图斑符号填充：对图斑进行符号填充。

（21）删除图斑符号填充：删除图斑的符号填充。

（22）绘制公路征地边线：绘制公路征地边线。

（23）用地项目信息输入：输入当前图的用地信息情况。

（24）输出勘测定界报告书：生成勘测定界报告。

（25）输出电子报盘系统：程序将把当前图面上的土地勘测定界信息导入报盘系统数据库文件中。

8. 等高线［图 4-7（c）］

（1）建立 DTM：建立三角网。

（2）图面 DTM 完善。利用“图面 DTM 完善”即可将各个独立的 DTM 模型自动重组在一起，而不必进行数据的合并后再重新建立 DTM 模型。

（3）删除三角形：当发现某些三角形内不应该有等高线穿过时，就可以用该功能删去它。注意各三角形都和邻近的三角形重边。

(4) 过滤三角形：将不符合要求的三角形过滤掉。

(5) 增加三角形：将未连成三角形的三个地形点（测点）连成一个三角形。

(6) 三角形内插点：通过在已有三角形内插一个点来增加建网三角形。

(7) 删三角形顶点：删除指定的三角形顶点。适用于 DTM 中有错误点的情况，为避免画等高线时出错将该顶点删除。

(8) 重组三角形：通过改换三角形公共边顶点重组不合理的三角网。

(9) 加入地性线：由于等高线是与地性线是互相垂直的关系，所以在建三角网时要考虑到地性线的位置。

(10) 删三角网：删除整个 DTM 三角网图形。当您想单看等高线效果时，需要执行此功能删除三角网。

(11) 三角网存取：可将已经建立好的三角网 DTM 模型保存到文件中，随时调用。

(12) 修改结果存盘：将修改好的 DTM 三角网存入文件。

(13) 绘制等高线：系统自动采用最近一次生成的 DTM 三角网或三角网存盘文件计算并绘制等高线。

(14) 绘制等深线：计算并绘制等深线。

(15) 等高线内插：当等高线过疏时，通过此功能在其中内插等高线。

(16) 等值线过滤：当等高线或等深线过密时，通过此功能删除部分等高线或等深线。

(17) 删全部等高线：删除屏幕上的全部等高线。

(18) 查询指定点高程：查询图面上任一点的坐标及高程。如之前没有建立过 DTM，系统会提示输入数据文件名。

(19) 等高线修剪：提供强大的等高线修饰功能。

(20) 等高线注记：可选择在指定点给某条等高线注记高程、在选定直线与等高线相交处注记高程、给指定等高线加注示坡线，特别在等高线稀疏区、在选定直线与等高线相交处注记示坡线。

(21) 等高线局部替换：手工修改生成的等高线。

(22) 复合线滤波：减少复合线上的结点数目，便于部分修改复合线形状，减少存储空间。

(23) 三维模型：在屏幕上绘制已经建立的 DTM 模型的三维图形。

(24) 坡度分析：提供实用的坡度分析技术，根据坡度值用相应的颜色填充三角网，配合三维模型功能全面解析测区实地空间立体模型。

9. 地物编辑［图 4-8 (a)］

(1) 重新生成：此功能将根据图上骨架线重新生成一遍图形，通过这个功能，编辑复杂地物只需编辑其骨架线。

(2) 线型换向：改变各种线型（如陡坎、栅栏）的方向。

(3) 修改墙宽：依照围墙的骨架线来修改围墙的宽度。

(4) 查询坎高：查看或改变陡坎各点的坎高。

(5) 电力电信：画出电杆附近的电力电信线。

(6) 植被填充：在指定区域内填充植被。

（7）土质填充：在指定区域内进行各种土质的填充。操作过程同植被填充。

（8）小比例房屋填充：对小比例尺中的房屋进行填充斜线。

（9）图案填充：把指定封闭的复合线区域填充成指定的图案，颜色为当前图层颜色。

（10）符号等分内插：在两相同符号间按设置的数目进行等距内插。

（11）复合线处理：提供对地物线型的批量处理，包括拟合、闭合、改变线宽等。

（12）图形接边：两幅图进行拼接时，存在同一地物错开的现象，可用此功能将地物的不同部分拼接起来形成一个整体。

（13）求中心线：求两条复合线之间的中心线。

（14）图形属性转换：共有 14 种转换方式，“图层→图层”、“图层→编码”等，每种方式有单个和批量两种处理方法。

图 4-8 “地物编辑”、“检查入库”、“工程应用”菜单的下拉菜单

(a)“地物编辑”菜单；(b)“检查入库”菜单；(c)“工程应用”菜单

（15）坐标转换：将图形或数据从一个坐标系转到另外一个坐标系。

（16）测站改正：如果用户在外业不慎搞错了测站点或定向点，或者在测控制前先测碎部，可以应用此功能进行测站改正。

（17）二维图形：删除图形的高程信息。

（18）房檐改正：对测量过程中没有办法测到的房檐进行改正。

（19）直角纠正：将多边形内角纠正为直角。

（20）地物特征匹配：将一个实体的地物特征匹配给另一个实体。

（21）打散独立图块：把图块、多义线等复杂实体分离成简单实体，以便按要求编辑或修改。一次只能分离一级复杂实体。

（22）打散复杂线型：将 CASS7.0 中特有的复杂线形打散以便在 AutoCAD 中显示。

10. 检查入库

进行图形的各种检查以及图形格式转换［图 4-8（b）］。

11. 工程应用

坐标查询、面积计算、断面图绘制和土方量计算等［图 4-8（c）］。

12. 图幅管理

它用来建立数据库，对图纸进行管理。

CASS7.0 系统提供了“内外业一体化成图”、“电子平板成图”和“老图数字化成图”等多种成图作业模式，在用“内外业一体化成图”的方式绘制地形图时，可根据具体情况采用“草图法”工作方式和“简码法”工作方式绘制平面图，等高线由计算机自动勾绘，且精度相当高。在绘制等高线时，充分考虑到等高线通过地性线和断裂线时情况的处理，如陡坎、陡崖等，能自动切除通过地物、注记、陡坎的等高线。

CASS7.0 系统提供的数字地籍成图功能可以绘制权属图、宗地图，生成界址点成果表、界址点坐标表、以街道为单位宗地面积汇总表、城镇土地分类面积统计表等地籍表格。还可以进行土地详查即绘制行政区界、绘制权属区界、生成地类界线（包括线状地类、零星地类)、修改地类要素属性、土地利用图质量控制、统计土地利用面积等，对块状工程、线状工程绘制土地勘测定界图，生成土地勘测定界成果即土地勘测定界报告书，并输出电子报盘系统。

CASS7.0 还可用于工程设计和计算，如工程中长度、面积的计算、土方计算、断面图的绘制、公路曲线设计等。

CASS7.0 系统提供了数字地图的管理功能，包括图幅信息库操作、图幅显示、图幅列表三大部分。

从以上介绍可以了解到 CASS7.0 是一个很好的数字化绘图软件，并且在国内的测绘行业得到广泛的应用。

4.4 Excel 在工程测量工作中的应用

Microsoft Office Excel 是 Microsoft 公司 Office 家族的一员，它以强大的电子表格功能闻名于世，并因此得到广泛应用，本文以 Excel2003 为对象对 Excel 功能进行说明。测量工作中，尤其是公路、桥梁的测量工作，需要作大量繁琐和重复性的工作，不仅占用大量时间，还经常出错。借助 Excel 的强大计算功能进行数据计算，可在很大程度上节省时间，提高工作效率。

4.4.1 界面

Excel 界面为 Microsoft 标准界面，由标题栏、菜单栏、工具栏、编辑栏、工作簿、状态栏组成，如图 4-9 所示。

标题栏在窗口的最上部，显示正在编辑的文件名称。菜单栏是位于标题栏下部的工具栏，大多数命令都在菜单栏上。工具栏一般在菜单栏下部，也可浮动在窗口内任何位置，包含按钮、菜单或二者的组合。编辑栏位于 Excel 窗口上部的条形区域，是 Excel 独有的，用于输入或编辑单元格、图表中的值或公式，并显示存储于活动单元格中的常量值或公式。名称栏位于编辑栏的左侧，显示正在编辑的单元格位置，在框中键入单元格名称可迅速到达该单元格。

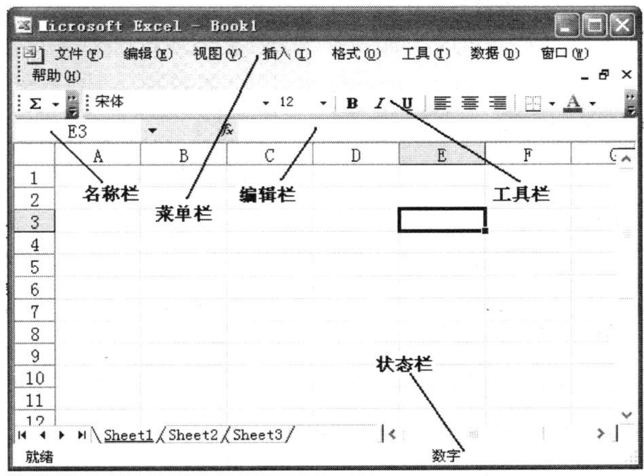

图 4-9 Excel 界面

Excel 工作簿是包含一个或多个工作表的文件，该文件可用来组织各种相关信息。创建图表时，既可将其置于源数据所在的工作表上，也可将其放置在单独的工作表上。

通过单击工作簿窗口底部的工作表标签，可从一个工作表切换到另一个工作表上。可以用不同颜色标记工作表标签，增强工作表的可识别性。活动工作表的标签将按所选颜色加下划线，非活动工作表的标签全部被填涂所选颜色。

双击工作表名称，可对工作表名称进行修改。

工作表由阵列式单元格组成，用英文字母表示列，用数字表示行。

状态栏用来显示工作表的当前编辑状态。

4.4.2 函数

Excel 函数分为数据库函数、日期与时间函数、外部函数、工程函数、财务函数、信息函数、逻辑运算符、查找和引用函数、数学和三角函数、统计函数、文本和数据函数共 11 类函数，其中数学和三角函数、逻辑运算符最常用。

所谓函数是指一些预定义公式，通过使用一些称为参数的特定数值来按特定的顺序或结构执行计算，从而达到预定的计算目的。

函数以等号开始，后面紧跟函数名称和左括号，然后以逗号分隔函数的参数，最后是右括号。参数可以是数学、文本、逻辑值、数组、错误值或单元格引用。指定的参数可以是常量、公式或其他函数，但必须为有效值。

如果创建含有参数的公式，“插入函数”（单击“插入”→“函数”菜单）对话框有助于输入工作表函数。“插入函数”对话框会显示函数的名称、各个参数、函数功能和参数说明。某些情况下，可以将一个函数作为另一函数的参数使用。下面简要介绍某些常用函数的用法。

（1）DEGREES：将弧度制转为角度制，语法为 DEGREES（angle），angle 为待转换的弧度角。

（2）RADIANS：将角度制转换为弧度制，语法为 RADIANS（angle），angle 为需要转换的角度。

（3）SIN：返回给定角度的正弦值，语法为 SIN（number），number 为需要求正弦值的角度，以“rad”（弧度）表示。

（4）COS：返回给定角度的余弦值，语法为 COS（number），number 为需要求余弦值的角度，以“rad”表示。

（5）TAN：返回给定角度的正切值，语法为 TAN（number），number 为需要求正切值的角度，以“rad”表示。

（6）ASIN：返回参数的反正弦值，以“rad”表示，范围在 $-\frac{\pi}{2}\sim\frac{\pi}{2}$ 之间，语法为 ASIN（number），number 参数值必须介于 $-1\sim1$ 之间。

（7）ACOS：返回参数的反余弦值，以“rad”表示，范围是 $0\sim\pi$，语法为 ACOS（number），number 为参数的余弦值。

（8）ATAN：返回参数的反正切值，以“rad”表示，范围在 $-\frac{\pi}{2}\sim\frac{\pi}{2}$ 之间，语法为

ATAN（number），number 为参数的正切值。

（9）ATAN2：返回给定的 x、y 坐标值的反正切值。反正切的角度值等于给定坐标点（x_num，y_num）和坐标原点的连线与 X 轴（数学坐标系）之间的夹角，以“rad”表示，其角度范围在 $-\frac{\pi}{2} \sim \frac{\pi}{2}$ 之间，不包括 $-\frac{\pi}{2}$。语法为 ATAN2（x_num，y_num）。

（10）TRUNC：将数字的小数部分截分，返回整数，语法为 TRUNC（number，num_digits），number 是需要截尾取整的数字。num_digits 用于指定取整精度的数字，num_digits 的默认值为 0。函数 TRUNC 和函数 INT 不同，函数 TRUNC 直接去除数字的小数部分，而函数 INT 则是依照给定数的小数部分的值，将其四舍五入到最接近的整数。

例如，TRUNC(1.267，2)=1.26，TRUNC(−1.267，2)=−1.26。

（11）SIGN：返回数值的符号。数字为正数时返回 1，为零时返回 0，为负数时返回 −1。语法为 SIGN（number），number 为任意实数。

（12）ROMAN：将阿拉伯数字转换为文本形式的罗马数字，语法 ROMAN（number，form），number 为需要转换的阿拉伯数字，form 为所需的罗马数字类型，一般情况下，可选 0 或省略。如果数字为负或大于 3999，则返回错误值“#VALUE!”。

（13）ROUND：返回某个数值按指定位数取整后的数字。语法为 ROUND（number，num_digits），number 为需要进行四舍五入的数字，num_digits 是指定的位数，按此位数进行四舍五入。如果 num_digits 大于 0，则四舍五入到指定的小数位；若 num_digits 等于 0，则四舍五入到最接近的整数；若 num_digits 小于 0，则在小数点左侧进行四舍五入，如 ROUND(1024.556，−2)=1000。

（14）PI：返回数字 3.14159265358979，即数学常量 π，精确到小数点后 14 位。

（15）ABS：该函数返回数字的绝对值，目的是改变负数的符号，语法为 ABS（number），如果取 E1 单元格数值的绝对值，则为 ABS（E1）。

（16）INT：将数字向下舍入到最接近的整数，语法为 INT（number），number 为需要向下舍入取整的实数。

例如，INT(4.6)=4，而 INT(−4.6)=−5。

（17）MOD：返回两数相除的余数，语法为 MOD（number，divisor），number 为被除数，divisor 为除数，其函数结果的正负号与除数相同。若 divisor 为零，函数 MOD 返回错误值“#DIV/0!”。

例如，MOD(10,3)=1。

（18）AND：AND 是逻辑运算函数，当所有参数的逻辑值为真时，返回 TRUE；只要一个参数的逻辑值为假，即返回 FALSE。语法为 AND(logical1，logical2，…)，其中，logical1，logical2，…表示待检测的 1～30 个条件值，各条件值可为 TRUE 或 FALSE。

参数必须是逻辑值 TRUE 或 FALSE，或者包含逻辑值的数组或引用。如果数组或引用参数中包含文本或空白单元格，则忽略这些值。若指定的单元格区域内包含非逻辑值，则 AND 将返回错误值“#VALUE!”。

（19）FALSE：返回逻辑值 FALSE。也可以直接在工作表或公式中输入文字 FALSE，Microsoft Office Excel 会自动将它解释成逻辑值 FALSE。

（20）LF：执行真假值判断，根据逻辑计算的真假值返回不同结果。可以用 IF 对数值和公式进行条件检测。语法为 IF（logical _test，value _if _true，value _if _false），其中第一个参数表示计算为 TRUE 或 FALSE 的任意值或表达式，该参数可使用任何比较运算符。

value _if _true 是 logical _test 为 TRUE 时返回的值，value _if _true 可以是公式；value _if _false 是 logical _test 为 FALSE 时返回的值，value _if _false 也可以是公式。

函数 IF 可以嵌套 7 层，如果函数 IF 的参数包含数组，则在执行 IF 语句时数组中的每一个元素都将计算。

（21）NOT：对参数值求反。当要确保一个值不等于某一特定值时，可以使用 NOT 函数。

该函数语法为 NOT（logical），logical 为一个可以计算出 TRUE 或 FALSE 的逻辑值或逻辑表达式。若逻辑值为 FALSE，函数 NOT 返回 TRUE；如果逻辑值为 TRUE，函数返回 FALSE。

（22）OR：该函数的参数组中任何一个参数的逻辑值为 TRUE，即返回 TRUE；所有参数的逻辑值为 FALSE，即返回 FALSE。语法为 OR（logical1，logical2，…），其中的参数为需要进行检验的 1～30 个条件，分别为 TRUE 或 FALSE。

参数必须能计算为逻辑值，如 TRUE 或 FALSE，如果数组或引用参数中包含文本或空白单元格，则这些值将被忽略。

如果指定的区域中不包含逻辑值，函数 OR 返回错误值“＃VALUE!”。

（23）LN：返回一个数的自然对数，自然对数以常数项 e＝2.71828182845904 为底。语法为 LN（number），number 是用于计算自然对数的正实数。LN 函数是 EXP 函数的反函数。

（24）LOG：按所指定的底数，返回一个数的对数。语法为 LOG（number，base），number 为用于计算对数的正实数。base 为对数的底数，若省略底数，则假定其值为 10。

（25）LOG10：返回以 10 为底的对数，语法 LOG10（number），number 是用于常用对数计算的正实数。

（26）POWER：返回给定数字的乘幂。语法为 POWER（number，power），number 为底数，可以是任意实数；power 为指数。

（27）EXP：返回 e 的 n 次幂，e＝2.71828182845904，是自然对数的底数。该函数的语法为 EXP（number），number 为底数 e 的指数。

（28）SQRT：返回正平方根。语法为 SQRT（number），number 是要计算平方根的数字。若参数 number 为负值，函数 SQRT 返回错误值“＃NUM!”。

（29）SUM：返回某一单元格区域中所有数字之和。语法为 SUM（number1，number2，…），number1，number2，…为 1～30 个需要求和的参数。

如果求和数字在连续单元格中，例如 C1～C14 单元格，可采用 SUM（C1：C14）形式。

4.4.3 返回错误值的含义

如果公式不能正确计算出结果，Microsoft Excel 将显示错误值。出错原因不同，其解决方法也不同。

1.“＃＃＃＃＃”错误

（1）当列不够宽时，出现该错误。此种情况的解决方法如下：

选择该列，指向“格式”菜单上的“列”，再单击“列宽”，输入一个数字增大列宽，或者将鼠标移动到列中间的分隔线上，将鼠标指针变成双向箭头后，左右拖拉分隔线改变列宽。也可以缩小字体来填充单元格，选择该列，在“格式”菜单上，单击“单元格”项，选中“对齐”选项卡，然后在“文本控制”备选项中勾中“缩小字体填充”复选框，这样即可使列宽相对变宽。另外，还可以减少单元格中数字的小数位数，使其适合现有单元格的宽度。

(2) 日期和时间为负数时，出现该错误。Microsoft Excel 中的日期和时间必须为正值。

如果对日期和时间进行减法运算，应确保建立的公式是正确的。如果公式正确，虽然结果是负值，可以通过将该单元格设置为非日期或非时间的格式来显示该值。单击“格式”菜单上的“单元格”，选“数字”选项卡，然后选择一个非日期或非时间的格式。

2.“＃N/A”错误

当数值对函数或公式不可用时，出现该错误。可在数据不可用的单元格中输入“＃N/A”，公式在引用这些单元格时将不进行数值计算，而是返回“＃N/A”。

3.“＃NAME?”错误

当 Microsoft Excel 无法识别公式中的文本时出现该错误。

4.“＃REF”错误

当单元格引用无效时出现该错误。

5.“＃NUM!”错误

公式或函数中使用无效数值时出现该错误。

6.“＃VALUE!”错误

当使用的参数或操作数据类型错误时出现该错误。

7.“＃DIV/0!”错误

当数值被零除时出现该错误。

4.4.4　综合应用

1. 坐标反算

在 Excel 工作表中建立图 4-10 所示表格，第 1、2 行及 A8、A9、A10 单元格为表格标题，第 3 行为数据输入区。B8～D8，B9～D9 及 B10 为结果显示区。单击以上区域以外任意单元格，例如 A13，输入“＝C3－A3”，在 A14 输入“＝D3－B3”，则 A13 显示的值为 ΔX，A14 显示的值为 ΔY，在 A15 输入“if”逻辑函数，判断 ΔX、ΔY 所在象限并计算 α_{AB} 方位角。

“if”逻辑函数为：

＝IF(AND(A13＞0，A14＞0)，ATAN(ABS((A14)/(A13)))，IF(AND(A13＜0，A14＞0)，PI()－ATAN(ABS((A14)/(A13)))，IF(AND(A13＜0，A14＜0)，PI()＋ATAN(ABS((A14)/(A13)))，IF(AND(A13＞0，A14＜0)，

	A	B	C	D
1	A		B	
2	X	Y	X	Y
3	3052.333	5474.807	3228.686	5667.789
8	α_{AB}	47	34	41
9	α_{BA}	227	34	41
10	D_{AB}	261.424		

图 4-10　坐标反算

2×PI()－ATAN(ABS((A14)/(A13))))))

上式中的 AND 逻辑函数是判断 A13、A14 单元格的数值是否同时满足所要求的条件，如果满足，则进行后面相应的方位角计算。为确保公式完整，还可以加入 ΔX 是否等于零的判断。

上式计算结果为弧度，需要转换为“DMS”制。在 A16 单元格中输入“＝DEGREES(A15)”，将单元格 A15 中的弧度值转换成角度制。

在 A17 单元格中输入“＝IF(A16＜180,A16＋180,IF(A16＞180,A16－180))”，计算反方位角 α_{BA}。

在 A18 单元格中输入“＝INT(A16)”，计算出整度数；在 B18 单元格中输入“＝INT((A16－A18)×60)”，计算出整分；在 C18 单元格中输入“＝(((A16－A18)×60－B18)×60)”，计算出秒。然后在 B8 中输入“＝A18”，在 C8 中输入“＝B18”，在 D8 中输入“＝C18”，用相同方法计算出方位角 α_{BA}。

在 B10 中输入“＝SQRT((A13)^2＋(A14)^2)”计算 A、B 之间的距离。

选择计算步骤所在的行或列，单击右键并选择“隐藏”，可以将计算过程隐藏起来。

2. 坐标系转换

在 Excel 工作表中建立如图 4-11 所示表格，B6、B7、B9、B10 为数据输入单元格，第二行为坐标系夹角输入区，B12、B13 为公式输入区，也是结果显示区。

由于 Excel 的角度参数使用弧度制，所以必须对第 2 行的 DMS 制进行转换。首先应转换成十进制角度制，在 A3 单元格中输入“＝A2＋B2/60＋C2/3600”，在 A3 中显示的值即为十进制角度制。在 A4 中输入“＝RADIANS (A3)”将十进制角度制转换为弧度制。

	A	B	C
1	建筑坐标系与测量坐标系的夹角		
2	76	11	12
5	建筑坐标系原点坐标		
6	x	1046.299	
7	y	1018.879	
8	建筑坐标系中点的建筑坐标		
9	x	25.000	
10	y	25.000	
11	转换为测量坐标系的坐标		
12	x	1027.991	
13	y	1049.125	

图 4-11 坐标系转换表格

在 B12 单元格中输入“＝B6＋B9×COS(A4)－B10×SIN(A4)”，计算在测量坐标系中的 X 值；在 B13 中输入“＝B7＋B9×SIN(A4)＋B10×COS(A4)”，计算在测量坐标系中的 Y 值。在输入和设置第二行的单元格时，要注意角度值的符号，当全部值为负时表示建筑坐标系左旋，全部值为正时坐标系右旋。

最后隐藏第 3 行、第 4 行的计算过程。

在实际工作中，还可以利用 Excel 办公软件进行水准线路的内业计算、导线的内业计算、公路施工中边桩坐标及道路中线坐标的计算等工作，使用非常方便，具体的编制方法在此不作详细介绍，读者可以参照软件的使用说明自己研究。

另外，利用 Excel 图表功能可以在工作表上创建图表，或将图表作为工作表的嵌入对象使用。Excel 图表分为柱形图、条形图、折线图、饼图、散点图、面积图等 14 种类型，也可以根据需要自定义类型。例如，可以使用图表功能绘制变形观测曲线及其他统计曲线。在创建图表时，必须首先在工作表中为图表输入数据，再选择数据并使用“图表向导”来逐步完成图表类型和其他各种图表选项的操作过程。在此也不作介绍。

4.5 Word 在工程测量工作中的应用

Word 是 Office 家族的另一重要成员，它主要侧重于文本编辑。综合性报告，如测量成果表、变形观测报告及控制测量成果报告等需要使用 Word 对已有的图、表进行综合处理。

4.5.1　在 Word 中插入 AutoCAD 图形

在 AutoCAD 中绘制的图形，有时需要插入 Word 文档中使用。插入之前，应先在 AutoCAD 中选择“视图”→“缩放”→“全部”（或“范围”）菜单，将图形全部显示或居中。

在 Word 中单击“插入”→“对象”菜单，选择“由文件创建”选项卡，在“文件名”框中输入插入图形的完整路径和文件名称，或单击“浏览”定位到所需文件，确定插入文件后单击“确定”。

双击插入图形，可进入 AutoCAD 修改该插入图形。右键单击插入图形，选择快捷菜单中的“设置对象格式”，可对图片的大小、位置等内容进行修改。

单击“图片”选项卡，对图片上、下及左、右空余位置进行裁剪。如果图形所在的行设置了固定行宽，图片可能无法全部显示，此时应对图形所在行的行宽作必要的调整。

插入 AutoCAD 图形后，图形即嵌入到 Word 文件中，与源文件脱离链接关系，修改插入图形或源文件不会互相影响。

4.5.2　在 Word 中插入图表

单击 Word 工具栏上的“插入图表”图标，插入图表。插入图表后，可以对图表进行编辑，编辑时，首先双击进入该图表，右键单击绘图区选择“图表类型”，将默认图表更改为需要的图表类型。右键单击绘图区，选择“图表选项”，设置图表参数。在“数据表”中输入数据，该表数据输入与 Excel 表稍有不同，读者可根据表格的提示进入输入。其他设置和 Excel 图表基本相似。

4.5.3　在 Word 中插入 Excel 工作簿或工作表

1. 插入工作簿

在 Word 中插入 Excel 文件，首先要保证除需要的单元格外，其他单元格未被改动，且所有表格组合必须呈矩形，否则将显示其他不需要的网格。例如：单击“插入”→“对象”，选择“由文件创建”选项卡，插入 Excel 文件后，在表格的左下脚出现浅色单元格边线。

如在 Excel 中单击的“工具”→“选项”菜单，选择“视图”选项卡，将“窗口选项”中的“网格线”前面的“√”去掉，工作表将不再显示未定义的单元格单原格。

2. 插入 Excel 工作表

可在 Word 中直接插入 Excel 工作表，并进行操作。单击工具栏上的“插入 Microsoft Excel 工作表”图标，选择表格的行、列数，在 Word 文档中插入 Excel。

4.6　AutoCAD 在工程测量工作中的应用

4.6.1　平面绘图及其在工程中的应用

公路施工测量过程中，中线坐标及高程的计算不仅工作量大，而且非常繁琐；同样，在建筑工程施工建设中，其施工工序多，施工过程周期长，相应的施工测量工作任务量大且复杂，需要计算大量的测设数据。由此，在实际施工中，测量人员可以用 AutoCAD 按 1∶1 绘制施工图，然后利用 AutoCAD 等分、捕捉、列表等功能可以大大简化测设数据的计算过程，提高施工测量的工作效率，而且可以提高测量工作的精度。

1. 设置坐标系

在绘制施工图时，首先应设置好坐标系，这是因为 AutoCAD 默认坐标系与测量坐标系不同。测量直角坐标系的纵轴为 X 轴，指向坐标轴正北方向，横轴为 Y 轴，指向正东方向；而 AutoCAD 默认的坐标系（数学直角坐标系）纵轴为 Y 轴，横轴为 X 轴。测量直角坐标系是以 X 轴正向为角度计算的起始边，顺时针方向定为坐标方位角的正方向，并按顺时针方向将坐标系分为Ⅰ、Ⅱ、Ⅲ、Ⅳ四个象限；AutoCAD 默认的坐标系（数学直角坐标系）以 X 轴正向为角度计算的起始边，逆时针方向定为倾斜角的正方向，并按逆时针方向将坐标系分为Ⅰ、Ⅱ、Ⅲ、Ⅳ四个象限。

由于坐标系不同，利用 AutoCAD 软件绘图前需要对其坐标系进行设置。打开 AutoCAD 软件，单击状态栏中的“极轴”选项，打开极轴追踪功能，在定义坐标轴时确保坐标轴水平和垂直。点击“工具”→“新建 UCS”→“三点”菜单，鼠标左键单击绘图区任意一点设置坐标原点，然后沿竖直向上移动一小段距离，单击鼠标左键设置 X 轴方向。将鼠标沿水平向右方向移动一小段距离后单击鼠标左键，坐标轴设置完毕。

然后，在命令窗口键入“UNITS”命令，打开图形单位设置界面进行各图形单位的设置。

设置软件绘图的图形单位时，可以根据工作需要，依次将长度类型设为“小数”，精度设为“0.0000”，角度类型设为“度/分/秒”，精度为“0°00′00.00″”，然后单击“方向”按钮，打开方向控制界面进行方向控制设置。

在方向控制界面中，选中“其他”项，在输入条中输入“0d00′0.00″”，点击“角度”左侧的“拾取角度”按钮，在绘图区内由下向上垂直拾取角度，单击“确定”，坐标系设置完毕。点击“工具”→“命令 UCS”菜单，为新建坐标系统命名。

如果新建文件时未出现“创建新图形”对话框，可在命令窗口中分别键入“STARTUP”、“FILEDIA”命令，将值分别设为 1，再键入“NEW”命令，打开“创建新图形”对话框。选择“高级设置”也可进行坐标系设置工作。

2. 道路中桩坐标的计算

在道路工程的曲线测设工作中，需计算圆曲线主点元素并计算曲线详细测设数据，此时即可利用 AutoCAD 绘制道路施工平面图，完成相关的计算工作。

例如，某道路中线圆曲线的起点（ZY 点）坐标为 $X=295.9855$m，$Y=291.0417$m，终点（YZ 点）坐标为 $X=519.7048$m，$Y=800.3883$m，半径 $R=741.9077$m。要求计算圆曲线每隔 10m 各桩号的坐标值。在已设置好的测量坐标系中单击“视图”→“三维视图”→“俯视”菜单，按所给坐标和半径绘制平面图形。单击“绘图”→“点”→“定距等分”菜单，选择已绘制的曲线，输入“10”，回车。单击“格式”→“点样式”，打开“点样式”选择界面，选择绘制在曲线平面图上的点样式。选好后回车，即可绘制出道路曲线平面图。

打开捕捉功能，在命令窗口中键入“ID”捕捉单个点的坐标，由此即可将各桩点坐标逐一捕捉到。若需要计算大量几何图形坐标值时，可以选择需要的几何图形，在命令行键入“LIST”，“Auto - CAD 文本窗口”将显示结果，首先显示选中图形的类型，如“LINE”、“POINT”，句柄是用十六进制表示的编号，后面是各种几何参数，其中有点的坐标，这样可以批量捕捉点位坐标，并在文本中显示。

3. 道路边桩坐标的计算

道路边桩和中桩连线与中桩点的切线垂直。边桩的坐标计算比中桩还要繁琐，用 AutoCAD 计算道路边桩坐标比较简便。绘制出道路中线后单击“绘图”→“点”→“定数等分”菜单，等距均分该曲线。单击“修改”工具栏的“偏移”按钮，向道路中线两侧分别偏移中桩到边桩的距离，再按相同方法定数等分边桩线，用“LIST”命令求出各边桩坐标。

4. 直线的坐标方位角计算

根据测量规定，测量直角坐标系正北方向（X 轴）为直线坐标方位角起算边，顺时针增加，X 轴正方向与直线顺时针旋转形成的夹角即是直线的坐标方位角。绘图时首先设置好测量直角坐标系，然后在绘图区内输入直线端点坐标，得到各地面直线的平面图形。这样，欲求有向直线的坐标方位角，只要标注出直线与 X 轴的夹角即可。方位角是有方向的，一条直线有正、反方位角之分，二者相差 180°。单击“标注”工具栏“角度标注”按钮，分别单击各直线和 X 轴正方向，即可得到标注数据，同时移动鼠标可选择标注的位置，由此将各直线的坐标方位角标注于图上。

5. 竖曲线高程的计算

建立测量直角坐标系，以道路中线前进的水平方向为 Y 轴正方向，高程用 X 轴表示。单击“绘图”→“圆弧”→“起点、端点、半径”菜单，分别输入竖曲线两端点的三维坐标值和曲线半径，竖曲线两端点的三维坐标值和曲线半径，竖曲线绘制完成。于起点画一竖直线，然后按桩号间隔阵列该直线，直线与曲线的交点即为竖曲线的相应高程。用该方法求高程时，要与坐标选点相对应。

6. 面积、体积计算

（1）面积计算。施工过程中，出于计量和施工安排的考虑，经常需要计算占地面积和挖、填方体积。异型面积和体积计算很复杂，选用合适的测量仪器，用 AutoCAD 辅助计算不仅精确，而且速度也比较快。

如某公路施工线路上有一池塘，需要填埋，填方量需要现场签证，此时可根据池塘各边界角点坐标来绘制施工平面图。

图形绘制好后，利用 AutoCAD 的“查询”功能菜单可以完成面积计算工作。单击“查询”工具栏“面积”按钮，打开“对象捕捉”选项，依次捕捉池塘各个角点，直至闭合成平面且形成封闭的边界线为止，此时即可显示区域面积，得到计算结果。

另外，单击“绘图”工具栏的“面域”按钮，将边界点顺次相连所围的面积区域定义成一个平面，然后单击“查询”工具栏的“面积”按钮，选“对象（O）”参数，再单击该平面也可求出面积，用“REGION”命令也能达到相同目的。

（2）体积计算。当完成面积计算后，如需计算体积及方量，此时应将高程数据输入以绘制等高线，按照工程相应的计算要求确定其算设计高度，依据查询功能即可完成区域体积计算。

7. 绘图要求

为使图纸版面清晰，容易解读，保证图纸质量，应按国家标准绘制施工和竣工图纸。测量人员应对绘图有所了解，满足一般制图的需要。

(1) 图纸幅面。图纸用纸分为A0、A1、A2、A3、A4等几个基本型号。其中，A0最大，尺寸为1189mm×841mm；垂直于A0的长边将纸平分成两半，A1为其中的一半，以此类推，下一号纸分别为上一号纸的一半。施工过程中常用A3、A4纸绘图，A3纸的尺寸为297mm×420mm，A4纸的尺寸为210mm×297mm，绘图要优先使用标准纸。

(2) 图框格式。图框是图纸上的绘图边界，用粗实线绘制，图框分为横式和立式两种。

每张图纸都应有标题栏，标题栏位于图纸右下角，用于填写设计单位、工程名称、图名、图纸编号、比例尺等，绘图时可以根据需要进行取舍。会签栏是专业负责人签字的位置，施工过程中的绘图比较简单，标题栏和会签栏也可以简略一些。图纸的装订边一般为25mm，其他三边视图纸大小而定，一般为5mm或10mm。

(3) 字体。中文字体应使用仿宋体，文字要大小合适，排列整齐，间隔均匀。为方便使用，绘图之前要规划好字体的样式、大小，然后单击AutoCAD的“格式”→“文字样式”菜单，定义所需要的文字样式。

单击“新建”按钮命名新的文字样式。全部命名完毕后，单击“应用”、“关闭”按钮后回到绘图区。选择需要改变样式的文字，右键单击选择“特性”，进入“特性”选项板，在“文字”属性栏中选择自定义的文字“样式”。

(4) 图线。图线是连接几何图形的基本元素，形状可以是直线、曲线、连续线或不连续线。线型有实线、虚线、点化线、折断线、波浪线等。基本线宽有10种，分别为0.13mm、0.18mm、0.25mm、0.35mm、0.5mm、0.7mm、1mm、1.4mm和2mm。粗线、中粗线、细线的宽度比例为4∶2∶1，同一张图纸中比例相同时同类图线的宽度应一致。

(5) 尺寸标注。尺寸标注用来表明物体的实际大小，主要由尺寸界限、尺寸线、尺寸起止符、尺寸数字组成。

1) 尺寸线：尺寸线一般用细实线绘制，与被标注长度平行，两端不宜超出尺寸界限，不能使用任何图线及延长线作尺寸线。

2) 尺寸界限：用细实线绘制，一般与被标注长度垂直，由需要标注尺寸的位置引出，引出端与被标注位置应有一定距离，另一端超出尺寸线一定距离。

3) 起止符号：尺寸起止符号在尺寸线与尺寸界限的相交点处，与尺寸界限顺时针成45°角，用短线绘制。标注注径和直径时用箭头作为起止符号。

4) 尺寸数字：尺寸数字表示物体的真实大小，与绘图比例无关。除高程、坐标和总平面图以外应全部以“mm”为单位。同一张图内的尺寸数字大小应一致。水平尺寸数字应由左至右写在尺寸线上方或中间，竖直尺寸数字应由下至上写在尺寸线左方或中间。在倾斜尺寸线上标注数字，字头应有向上的趋势。

5) 尺寸线的排列：尺寸一般标注在图样轮廓线之外，不能与图线、文字及符号相交。若干相互平行的尺寸线，短尺寸离轮廓线最近，长尺寸在外，依次整齐排列。

6) 半径和直径的标注：半径、直径、球径的尺寸起止符号用箭头表示，若箭头的位置不够，可用小圆点代替。标注尺寸时应在数字前加半径符号 R，直径符号 ϕ、球半径符号 SR、球直径符号 $S\phi$。

（6）图例。图例是指对一些常见的比例较小的地形、地物规定统一画法，目的是为了增加图纸的可读性，一般有材料图例、平面图例、建筑图例、给排水图例、地形图图例等，绘图时参照执行。

另外，在绘图过程中，对于一些不常见的地形、地物，绘图者可以自己规定画法，但应作必要的图例说明。

4.6.2　三维绘图在工程中的应用

1. 绘图方法

利用简单几何关系绘制的立体图形，可以求解一些直观性不强的几何参数，也可以用AutoCAD求解一些不规则几何体的体积。在AutoCAD中可用简单的平面、立面通过拉伸、旋转绘制复杂的立体图形，还可用剖切、干涉、分割、抽完等功能进行修改。

（1）拉伸。绘制图形之前，首先要使物体处于最有利于求解的空间位置，即选择适当的视图位置绘制一个有代表性的立面或平面。单击“绘图”工具栏中的“面域”按钮，选择组成图形且首尾相连的闭合线条，将线条定义成平面。单击“绘图”→“实体”→“拉伸”菜单，或单击“实体”工具栏中的“拉伸”按钮，选择要拉伸的平面后按Enter键，输入要拉伸的高度和收缩角，即可完成图形的拉伸。

（2）旋转。在与旋转方向垂直的位置绘制物体的断面图，并将断面的边缘或外侧设为旋转中心。单击“绘图”→“实体”→“旋转”菜单，或单击“实体”工具栏中的“旋转”按钮，选择要旋转的平面和旋转中心后按Enter键，再输入要旋转的角度，即可完成图形的旋转。

（3）编辑。AutoCAD可以对已绘制完成的图形作各种形式的修改和编辑，如倒角、圆角、修剪等。单击“修改”菜单，选择相应的选项对图形进行修改。

2. 计算体积

AutoCAD具有查询功能，可以对图形的各种参数进行查询，前面已经介绍了部分内容。单击“查询”工具栏的相应按钮即可进行“距离”、“面积”、“体积”，甚至坐标查询，查询结果可以列表的方式显示。

3. 边界曲线的应用

承包商作土方平衡时，多绘制平面方格网，并在方格交点处标注高程。这种方法表现能力非常低，无法表达更多、更直观的信息。如果用三维图形表示实际地貌，则会表达更多信息，从而降低理解难度。

4. 文件插图

工程存档资料中有大量的图形、图纸，如果用人工绘制，工作量很大，而且人工绘制的图纸很难修改，也不美观。

承包商需要申报大量文件，而审批人员对现场又不是很了解，这为文件的顺利通过审批造成了一定的困难。因此，需要承包商尽量使文件图文并茂，让审批者一目了然，以加快文件的审批速度。

三维图形的表达能力大大高于平面图形，因此情况比较复杂时，最好绘制三维图形来表达作者意图。

4.7 常用电子全站仪使用简介

4.7.1 全站仪的基本结构及功能

全站仪的种类很多，各种型号仪器的基本结构大致相同。在此以日本拓普康公司生产的GTS－330系列和国产南方公司生产的NTS－350系列两款全站仪为例进行介绍。

1. GTS－330系列拓普康电子全站仪的结构

GTS－330系列的外观与普通电子经纬仪相似，仪器对中、整平、目镜对光、物镜对光、照准目标的方法和电子经纬仪相同。图4-12、图4-13从正、反两面标示出仪器的各个部件。

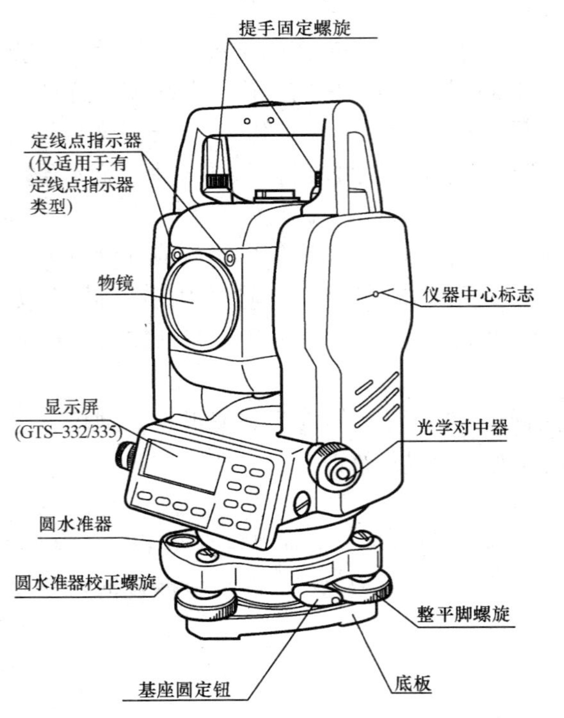

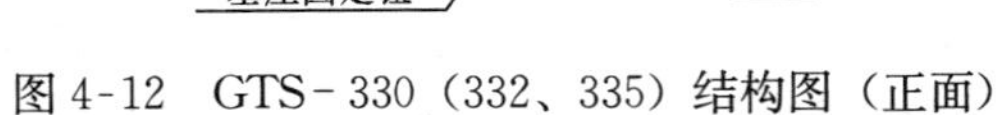
图4-12 GTS－330（332、335）结构图（正面）

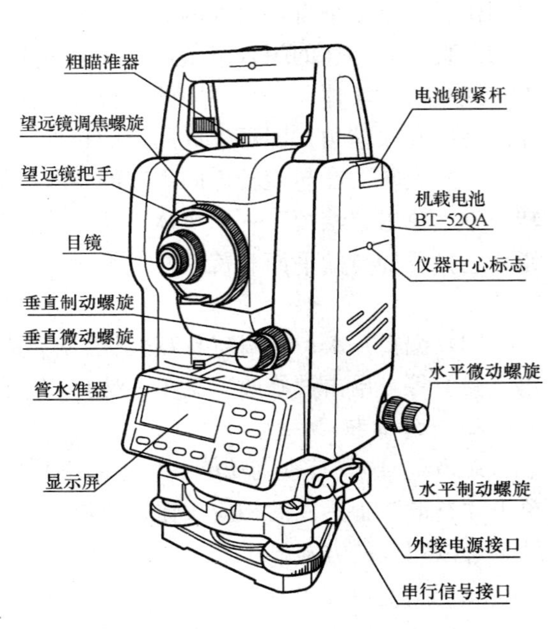

图4-13 GTS－330（332、335）结构图（反面）

（1）显示屏。显示屏采用点阵式液晶显示（LCD），可显示4行，每行20个字符，通常前三行显示测量数据，最后一行显示随测量模式变化的按键功能。

①对比度与照明。显示屏窗口的对比度与照明均可以调节，在操作仪器时，一般可在菜单模式或者星键模式下依据中文操作界面指示进行调节，以达到使用者的要求。

②加热器（自动）。在使用仪器时，若气温低于0℃，仪器内装的加热器就自动工作，以保持显示屏正常显示，加热器开/关的设置方法依据菜单模式下的操作方法进行。

③显示屏中显示符号的含义。仪器操作时，根据不同的工作界面，出现不同的符号，显示屏中的一些基本符号的含义见表4-1。

表 4-1　　**显示屏中显示符号的含义**

显示	内　　容	显示	内　　容
V%	垂直角（坡度显示）	N	北向坐标，即 X 坐标
HR	水平角（右角）	E	东向坐标，即 Y 坐标
HL	水平角（左角）	Z	高程 H
HD	水平距离	*	EDM（电子测距）正在进行
VD	高差	m	以 m 为单位
SD	倾斜	f	以英尺（ft）/英寸（in）为单位

（2）操作键。仪器设有双操作面板，可以方便使用，各操作面板上有一些基本操作按键和四个功能软键，如图 4-14 所示。

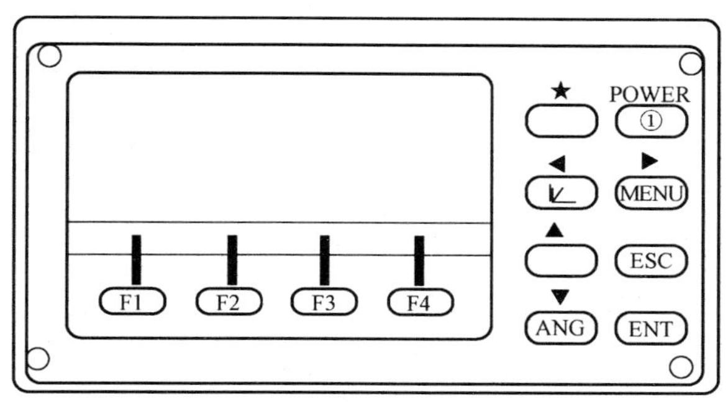

图 4-14　显示屏操作键示意图

①基本按键的作用。各基本按键的作用及操作说明见表 4-2。

表 4-2　　**操作键名称及功能说明**

键	名　称	功　　能
★	星键	星键模式用于如下项目的设置或显示：（1）显示屏对比度；（2）十字丝照明；（3）背景光；（4）倾斜改正；（5）设置音响模式
⊭	坐标测量键	坐标测量模式
◢	距离测量键	距离测量模式
ANG	角度测量键	角度测量模式
POWER	电源键	电源开关
MENU	菜单键	在菜单模式和标准测量模式之间切换，在菜单模式下可设置：应用测量、照明调节、仪器系统、误差改正
ESC	退出键	返回测量模式或上一层模式 从标准测量模式直接进入数据采集模式或放样模式，也可用作标准测量模式下的记录键
ENT	确认输入键	在输入值末尾按此键
F1～F4	软键（功能键）	对应于显示的软键功能信息

②功能键（软键）。功能软键共有四个即 F1、F2、F3、F4 键，每个软键的功能定义是不同的，有各自的作用；另外在不同的测量模式下和不同的工作页面中，每个软键的功能与作用及承担的操作任务也是不同的，因而其在各操作界面中显示的相应信息也就有所差别，其在标准测量模式下和各不同工作页面中的功能说明具体见表 4-3～表 4-5。

表 4-3　　角度测量模式下各功能软键的作用

页数	软键	显示符号	功　能
1	F1	置零	水平角置为 0°00′00″
	F2	锁定	水平角读数锁定
	F3	置盘	通过键盘输入数字设置水平角
	F4	P1↓	显示第 2 页软键功能
2	F1	倾斜	设置倾斜改正开或关，若选择开，则显示倾斜改正值
	F2	复测	角度重复测量模式
	F3	V%	垂直角百分比坡度（%）显示
	F4	P2↓	显示第 3 页软键功能
3	F1	H-蜂鸣	仪器每转动水平角 90°是否要发出蜂鸣声的设置
	F2	R/L	水平角右/左计数方向的转换
	F3	竖盘	垂直角显示格式（高度角/天顶距）的切换
	F4	P3↓	显示下一页（第 1 页）软键功能

表 4-4　　距离测量模式下各功能软键的作用

页数	软键	显示符号	功　能
1	F1	测量	启动测量
	F2	模式	设置测距模式精测/粗测/跟踪
	F3	S/A	设置音响模式
	F4	P1↓	显示第 2 页软键功能
2	F1	偏心	偏心测量模式
	F2	放样	放样测量模式
	F3	m/f/i	米、英尺或者英尺、英寸单位的变换
	F4	P2↓	显示第 1 页软键功能

表 4-5　　坐标测量模式下各功能软键的作用

页数	软键	显示符号	功　能
1	F1	测量	开始测量
	F2	模式	设置测量模式，精测/粗测/跟踪
	F3	S/A	设置音响模式
	F4	P1↓	显示第 2 页软件功能
2	F1	镜高	输入棱镜高
	F2	仪高	输入仪器高

续表

页数	软键	显示符号	功　能
2	F3	测站	输入测站点（仪器站）坐标
	F4	P2↓	显示第 3 页软件功能
3	F1	偏心	偏心测量模式
	F3	m/f/i	米、英尺或者英尺、英寸单位的变换
	F4	P3	显示第 1 页软件功能

标准测量模式有三种，即角度测量模式、距离测量模式和坐标测量模式（图 4-15）。开机以后即进入角度测量模式的第一页面（默认模式，也可以根据使用习惯修改）。欲进入其他模式或菜单（MENU）模式，可利用面板上的基本按键进行转换。

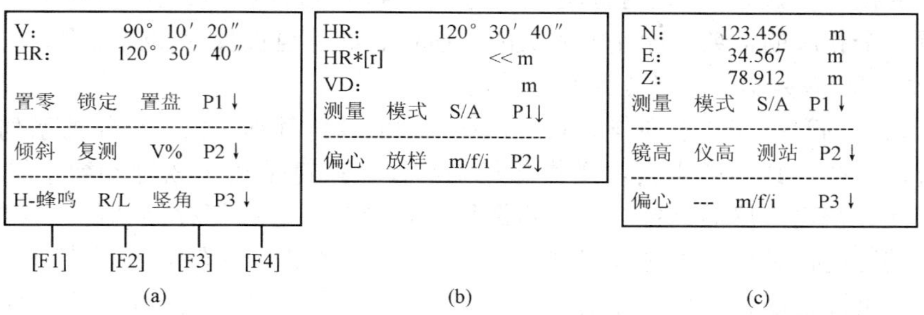

图 4-15　三种标准测量模式界面示意图

（a）角度测量模式；（b）距离测量模式；（c）坐标测量模式

③星键模式。仪器开机以后，若感觉显示窗口工作环境不理想，便需对仪器的工作环境状态进行调节，一般可直接按下面板上的基本操作键（★）键，进入（★）键操作界面，然后进行相关项目的调节。此时可对下列仪器设置选项分别进行设置与调节（按功能软键进入相关操作界面，完成相应设置）。

a. 调节显示屏的黑白对比度（0～9 级）[按▲或▼键]。

b. 调节十字丝照明亮度（1～9 级）[按◀或▶键]。

c. 显示屏照明开/关 [F1]。

d. 设置倾斜改正 [F2]。

e. 设置音响模式（S/A）[F4]，并可设置大气改正值、仪器的配套棱镜常数。

注：也可利用主程序运行进行各工作状态的调节。当通过主程序运行与星键相同的功能时，则星键模式无效。

(3) RS-232C 串行信号接口。仪器配有 RS-232C 串行信号接口。串行信号接口是用来将 GTS-330 系列仪器和计算机或者拓普康公司数据采集器进行连接的数据通信接口，利用专用的通讯数据电缆，便可将仪器与计算机相连接，使得计算机或者采集器能够从 GTS-330 仪器接收到数据或发送预置数据（如水平角等）到 GTS-330，以进行双向通信。

(4) 反射棱镜。在进行全站测量时，还必须配备适当的反射棱镜。一般可根据需要选用拓普康公司生产的各种棱镜框、棱镜、标杆连接器、三角基座连接器以及三角基座等

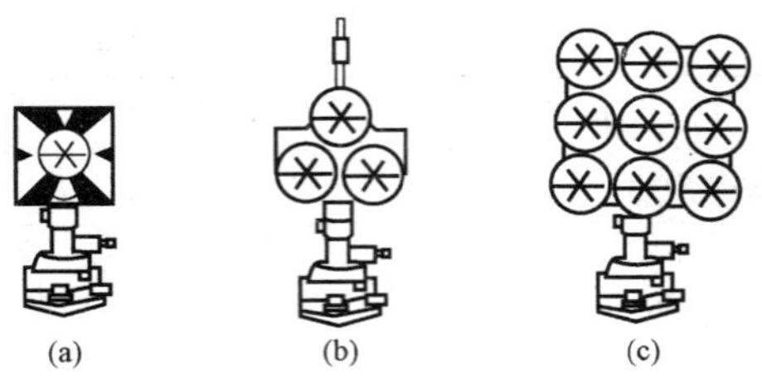

图 4-16 反射棱镜

系统组件，并可根据测量的需要（主要是依测程来定）进行组合，形成满足各种距离测量所需的棱镜组合。

使用全站仪进行测量工作时，反射棱镜是不可缺少的配件工具。棱镜有单棱镜、三棱镜、测杆棱镜等不同种类，如图 4-16 所示。

不同的棱镜数量，测程不同，棱镜数越多，测程越大，但全站仪的测程是有限的，所以棱镜数应根据全站仪的测程和所测距离来选择。

单棱镜、三棱镜等在使用时一般安置在三脚架上，用于控制测量。在放样测量和精度要求不高的测量中，采用测杆棱镜是十分便利的。

拓普康的棱镜常数为 0，设置棱镜改正为 0。若使用其他厂家生产的棱镜，则在使用之前应先设置一个相应的常数，即使电源关闭，所设置的值也被保存在仪器中。

2. NTS－350 系列南方电子全站仪的结构

南方全站仪 NTS－350 系列与 GTS－330 系列的结构基本一致，该仪器系列由我国南方测绘仪器公司生产，其功能丰富，操作却相当简单，按键采用了软键和数字键盘结合的方式，操作方便、快速。仪器具备丰富的测量程序，同时具有数据存储功能、参数设置功能，可以方便地进行内存管理，可对数据进行增加、删除、修改、传输，并具有野外自动化的数据采集程序，可以自动记录测量数据和坐标数据，可直接与计算机传输数据，实现真正的数字化测量，而且采用汉化的中文界面对于中国用户更直观，更便于操作，总之仪器功能强大，适用于各种专业测量和工程测量。

仪器的基本结构如图 4-17、图 4-18 所示。

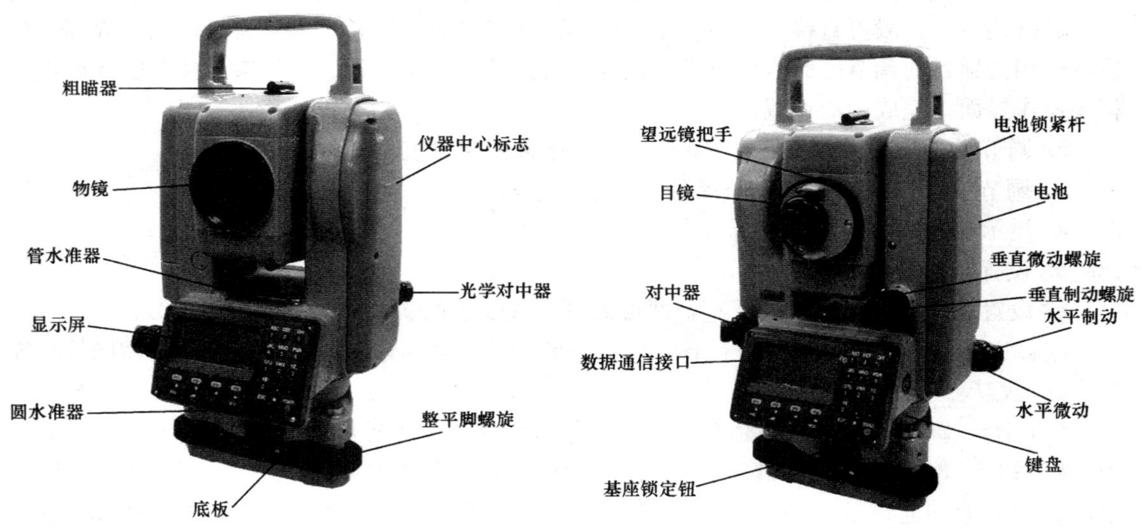

图 4-17 NTS－350 系列全站仪（正面）　　图 4-18 NTS－350 系列全站仪（反面）

（1）显示屏。显示屏采用点阵式液晶显示（LCD），可显示 4 行，每行 20 个字符，具体如图 4-19 所示。

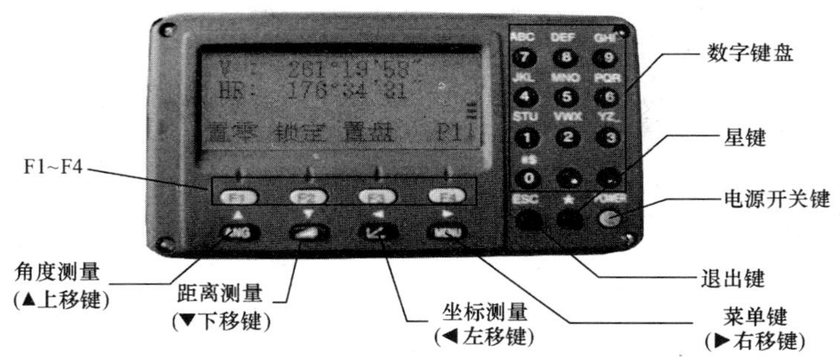

图 4-19　NTS-350 系列操作面板示意图

①对比度与照明。显示屏窗口的对比度与照明均可以调节，在操作仪器时一般可在菜单模式或者星键模式下依据中文操作界面指示进行调节，以达到使用者的要求。

②显示屏中显示符号的含义。仪器操作时，根据不同的工作界面出现不同的符号，显示屏中的一些基本符号的含义见表 4-1（同 GTS-330 仪器）。

(2) 操作键。仪器设有双操作面板，可以方便使用，各操作面板上有一些基本操作按键、数字键和四个功能软键，如图 4-19 所示。

各基本按键及数字键盘的作用和操作说明见表 4-6。

表 4-6　　基本按键的作用及操作说明

按　键	名　称	功　能
ANG	角度测量键	进入角度测量模式（▲上移键）
◢	距离测量键	进入距离测量模式（▼下移键）
↗	坐标测量键	进入坐标测量模式（◀左移键）
MENU	菜单键	进入菜单模式（▶右移键）
ESC	退出键	返回上一级状态或返回测量模式
POWER	电源开关键	电源开关
F1 — F4	软键（功能键）	对应于显示的软键信息
0 — 9	数字键	输入数字和字母、小数点、负号
★	星键	进入星键模式

(3) 字符或数字的输入方法。在测量中，经常需进行仪器高、棱镜高、测站点和后视点等信息的输入。由于 NTS-350 系列仪器配有专门的数字符号键盘，因而在进行各信息的输入时其符号与数字的输入方法与其他全站仪有所不同，其相应的操作方法如下：

①条目的选择与数字的输入。在进行数据采集时，需要输入测站仪器高等信息，先进入数据采集模式，若所测的仪器高为 1.5m，则可按如下步骤输入测站仪器高数据：

a. 箭头指示将要输入的条目，按［▲］［▼］键上下移动箭头行。

```
点号→      PT－01
标识符：__________
仪  高：0.000m
输入    查找    记录    测站
```

b. 按［▼］键将光标（→）移动到仪高条目。

```
点号：PT－01
标识符：__________
仪高→  0.000m
输入    查找    记录    测站
```

c. 按 F1 键进入输入菜单。

```
点号：PT－01
标识符：__________
仪高＝  __________ m
回退    ——    ——    回车
```

按 1 输入"1"，按 . 输入"."，按 5 输入"5"，回车。

此时仪高＝1.5m，仪器高输入为1.5m。

②字符的输入。假若要在数据采集模式中输入测站点N1的点号，则可进行如下操作（首先进入相应工作界面，然后按菜单进行操作）：

a. 用［▲］［▼］键上下移动箭头行，移到待输入的条目（如点号）。

```
点号→  __________
标识符：__________
仪  高：0.000m
输入    查找    记录    测站
```

b. 按 F1 （输入）键，箭头即变成等号（＝），这时在底行上显示字符（或数字）。

```
点号＝  __________
标识符：__________
仪  高：0.000m
回退    空格    数字    回车
```

c. 按 F3 可以切换到字母输入方式。

```
点号＝  __________
标识符：__________
仪  高：0.000m
回退    空格    数字    回车
```

注：当菜单中显示“字母”时即可输入字母，当菜单中显示“数字”时即可输入数字。

当所输入的字母中有连续两个字母在同一键上，在输入其中的第二个字母时，则需要用▶键将光标移到下一位。

(4) 功能键（软键）。NTS - 350 系列其功能软键的定义基本与 GTS - 330 系列相同。其功能软键也是四个，即 F1、F2、F3、F4 键，每个软键的功能定义在各界面下也是不同的，有其各自的作用；另外在不同的测量模式下及不同的工作页面中，每个软键的功能与作用及承担的操作任务也是不同的，因而其在各操作界面中显示的相应信息也就有所差别，其在标准测量模式下及各不同工作页面的功能说明具体见表 4-3～表 4-5。

该仪器同 GTS - 330 系列一样，其标准测量模式有三种：角度测量模式、距离测量模式和坐标测量模式，如图 4-20 所示。开机以后即进入角度测量模式的第一页面。欲进入其他模式或菜单（MENU）模式，可利用面板上的基本按键进行转换。

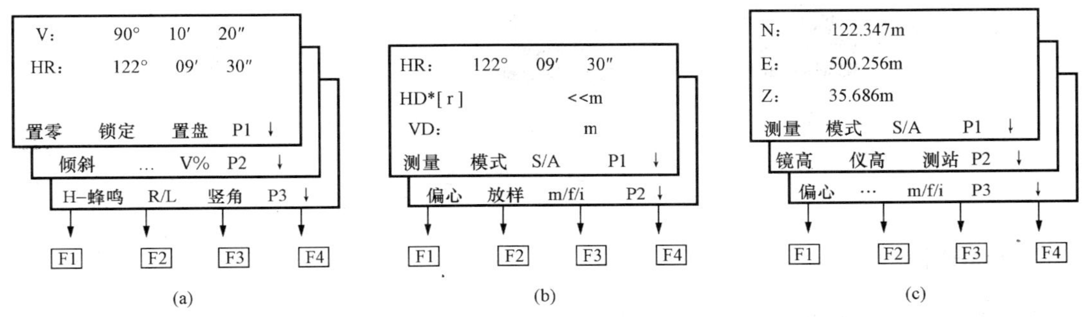

图 4-20　NTS - 350 系列三种标准测量模式界面示意图

(a) 角度测量模式（三个界面菜单）；(b) 距离测量模式（两个界面菜单）；(c) 坐标测量模式（三个界面菜单）

(5) 星键模式。与 GTS - 330 系列一样，在开机后，该仪器也可通过按星键来对以下项目进行设置：

①对比度调节。按星键后，通过按［▲］或［▼］键，可以调节液晶显示对比度。

②照明。按星键后，通过按F1选择“照明”，按F1或F2选择开关背景光。

③倾斜。按星键后，通过按F2选择“倾斜”，按F1或F2选择开关倾斜改正。

④S/A。按星键后，通过按F4选择“S /A”，可以对棱镜常数和温度气压进行设置，并且可以查看回光信号的强弱。

(6) RS - 232C 串行信号接口。仪器配有 RS - 232C 串行信号接口。串行信号接口是用来将 NTS - 350 系列仪器和计算机进行连接的数据通信接口，利用专用的通信数据电缆便可将仪器与计算机相连接，使得计算机在南方公司的相关测绘软件的支持下能够从 NTS - 350 仪器接收到数据或发送预置数据（如水平角、坐标数据文件等）到 NTS - 350，以进行双向通信。

(7) 反射棱镜。反射棱镜有单（三）棱镜组，可通过基座连接器将棱镜组连接在基座上安置到三脚架上，也可直接安置在对中杆上。棱镜组由用户根据作业需要自行配置。

对测距范围影响的天气条件有以下几个判断标准：

①一般大气条件：能见度约 20km，薄雾，微风，有直射阳光。

②良好大气条件：能见度约 40km，无雾，阴天，不闷热，微风，无直射阳光。

③一般来说，测距范围的长短主要依赖于大气条件。测距范围根据测量条件的不同而有所不同。在好的天气条件下进行测量，测距范围要比一般天气条件下好。

南方测绘仪器公司所生产的棱镜组如图 4-21 所示。

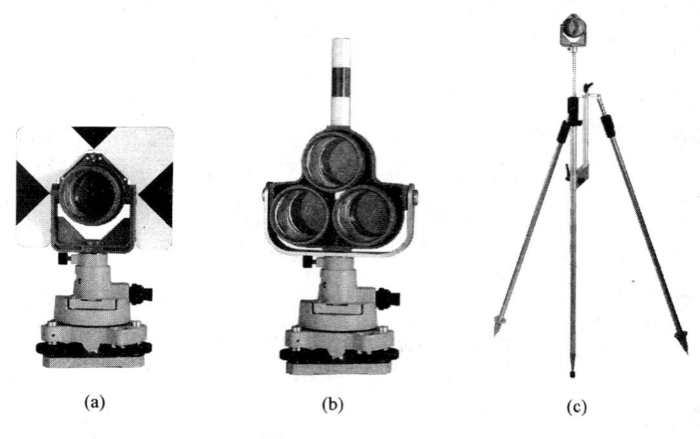

(a) (b) (c)

图 4-21 配套棱镜

4.7.2 全站仪的有关设置

无论何种类型的全站仪，在初次使用仪器或是在不同的工作环境下开始测量前都应进行一些必要的准备工作，如仪器参数和使用单位的设置、棱镜常数改正值和气象改正值的设置、水平度盘及竖直度盘指标设置等。准备工作即仪器的设置工作完成后，方可开始在各测量模式下进行各相关测量任务的测量工作。GTS－330（或 NTS－350）系列全站仪的基本设置方法如下。(其他类型的全站仪可依据其仪器使用说明书参照设置)

1. 仪器的初始设置

在选择模式下可进行各项初始项目的设置工作。其初始项目的设置工作有单位设置、模式设置、其他设置三种，该设置项在初次使用仪器时进行；当仪器的使用环境与仪器出厂时的默认设置一致时，也可采用仪器的默认设置，而不用改变。如若需要重新设置，必须在仪器开机时，按住［F2］键的同时按［POWER］键，开机进入参数组 2 后，再根据菜单项分别予以设置，具体如下所示。

(1) 单位设置。在参数组 2 界面下，按［F1］键即进入单位设置界面，共包括温度和气压单位、角度单位、距离单位和英尺单位四项。

1) 温度和气压单位设置。其内容为选择大气改正用的温度单位和气压单位。在此菜单界面中，温度单位有℃、F 两个选项；气压单位有 hPa、mmHg、inHg 三个选项。在菜单中根据实际采用的单位分别选择并按［F4］回车予以确认，设置好后即自动返回单位设置菜单界面。

2) 角度单位设置。在此菜单界面中，角度单位有 deg、gon、mil（度、哥恩、密位）三个选项。一般选择 deg 角度单位（即°′″模式）。确定好后即自动返回单位设置菜单界面。

3) 距离单位设置。在此菜单界面中，距离单位有 m、ft、ft＋in（即米、英尺、英尺＋

英寸）三个选项。一般选择 m 这一距离单位。确定好后即自动返回单位设置菜单界面。

英尺单位的设置有两个选项，即美国英尺和国际英尺，一般可以不选，按默认即可。

（2）模式设置。模式设置主要是确定仪器在工作时的状态。在模式设置菜单界面下主要有开机模式、精测/粗测/跟踪、平距/斜距、竖角测量、ESC 键模式及坐标检查等若干模式，其设置内容即设置方法可根据工作需要，按菜单提示予以设置并确认。开机模式一般选择测角模式，即正常开机时，直接进入测角模式状态；精测/粗测/跟踪模式主要是选择距离测量时所采用的方式，一般在进行控制测量时选精测模式，在数据采集时可选粗测模式，而在施工放样测量时选跟踪测量模式（放样精度要求高时除外）；平距/斜距模式一般选平距和高差测量模式等。

（3）其他设置。该项设置有许多项，一般选择仪器的默认值即可。下面举例说明单位参数的设置方法。

例：设置气压和温度单位为 hPa 和°F 的设置方法。其操作步骤如图 4-22 所示。

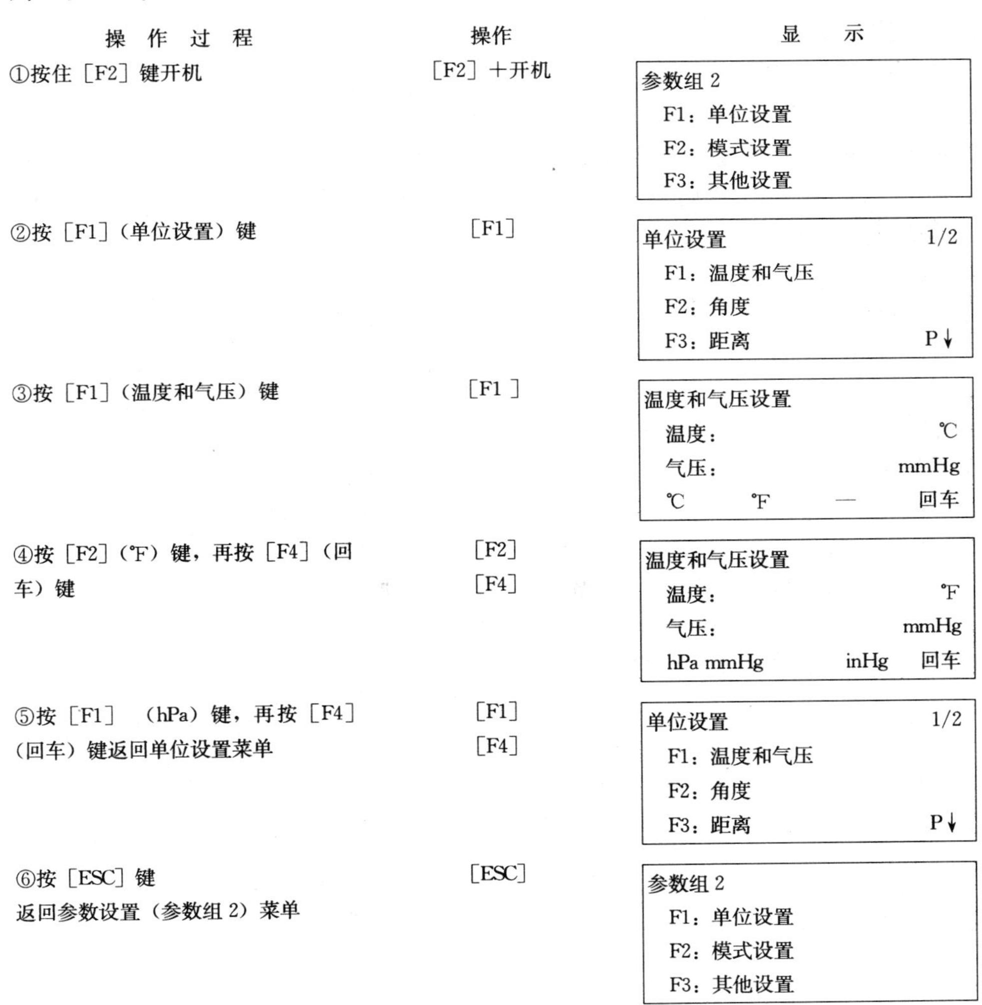

图 4-22　温度和气压单位设置

初始设置完成后，关机以保存设置参数，然后按［POWER］键重新开机，以进行其他项目的设置或进行测量工作。

2. 仪器工作参数的设置

仪器在正常工作时，需根据工作时的气候条件、所处的地理位置即工作时的海拔高度和工作成果要达到的精度要求，来进行相关工作参数的设置。设置时应如实对环境的温度及气压进行测量，以测得准确的设置数据。

（1）温度及大气改正的设置。光线在空气中的传播速度并非常数，它随大气的温度和压力而变，GTS－330 系列仪器一旦设置了大气改正值便可自动对测距结果实施大气改正。仪器的标准大气状态为：温度为 15℃/59°F，气压为 1013.25hPa/760mmHg/29.9inHg。标准状态下大气改正为 0ppm，大气改正值在关机后仍可保留在仪器内存中，如果以后工作环境不变要继续工作，便不需重新设置了，直接利用仪器来进行相应的测量工作。

其设置方法有以下两种：

1）直接设置温度和气压的方法。

①数字及字符的输入方法。在测量时，常需要输入温度和气压、仪器高、棱镜高、测站点和后视点等参数信息，为此必须掌握仪器的数字及字符的输入方法。首先进入待进行参数输入的界面，然后参照以下具体步骤进行字符或数字的输入，如图 4-23 所示。

输入字符

①用［↑］或［↓］键将箭头移到待输入的条目

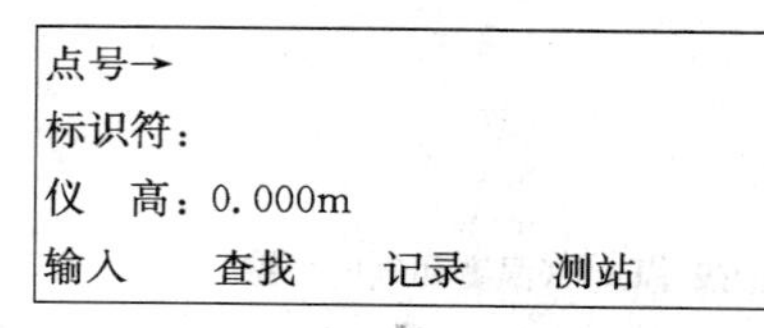

②按［F1］（输入）键，箭头即变成等号（＝），这时在底行上显示字符

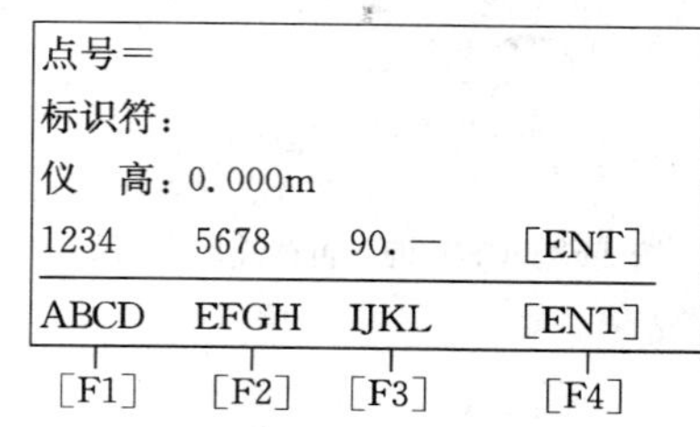

③按［↑］或［↓］键，选择另一页

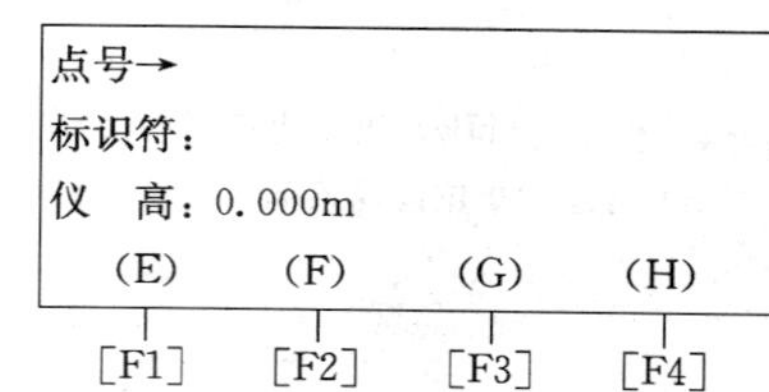

④按软功能键选择一组字符
例：按［F2］（EFGH）键

点号＝G
标识符：
仪 高：0.000m
ABCD EFGH IJKL ［ENT］

图 4-23 GTS－330 系列字符及数字输入方法（一）

操作过程	显示
⑤按软键选择某个字符 例：按[F3](G)键 按同样方法输入下一个字符	点号=GOOD-1 标识符： 仪 高：0.000m ABCD EFGH IJKL [ENT]
⑥按F4(ENT)键，箭头移动到下一个条目	点号 =GOOD-1 标识符：→ 仪 高：0.000m 输入 查找 记录 测站

图4-23 GTS-330系列字符及数字输入方法（二）

在输入的过程中，若输错了，要修改字符，可按［←］或［→］键将光标移到修改的字符上，并再次输入即可。

②温度与气压的输入。预先测得测站周围的温度和气压，例：温度为+26℃，气压为1017hPa，其输入操作步骤如下［可以在（★）键操作界面下的S/A菜单下、距离测量或坐标测量模式下输入］：输入时先进入相应菜单界面，然后进行操作。以下是进入距离测量或坐标测量模式后的输入过程。首先按显示屏面板上的基本按键距离测量（或坐标测量）进入距离测量（或坐标测量）菜单界面，然后顺次进行下面操作即可完成其数据的设置，如图4-24所示。

操作过程	操作	显示
①由距离测量或坐标测量模式按［F3］（S/A）键	［F3］	设置音响模式 PSM：0.0 PPM 0.0 信号：[▌▌▌▌▌] 棱镜 PPM T-P —
②按［F3］（T-P）键，显示原有温度及气压值	［F3］	温度和气压设置 温度 → 0.0 ℃ 气压：1013.2 hPa 输入 — — 回车
③按［F1］（输入）键输入温度与气压值。按［F4］确认。返回到设置音响模式	输入温度 输入气压	温度和气压设置 温度：26.0 ℃ 气压：1017.0 hPa 输入 — — 回车

图4-24 直接设置温度和气压

2）直接设置大气改正值的方法。测定温度和气压，然后从大气改正图上或根据改正公式求得大气改正值PPM，将查得的大气改正值PPM输入到仪器中。其操作步骤如图4-25所示。

（2）棱镜常数的设置。测量时，还必须设置仪器的棱镜常数，如果使用的是拓普康仪器配套的棱镜，其棱镜常数设置为0（即在S/A菜单中将PSM值设为0即可）。若使用的是其他厂家生产的棱镜，要按其棱镜的参数予以相应设置，如南方公司生产的棱镜，其常数为

－30，则 PSM 值设为－30 即可。一旦设置好后，即使电源关闭，所设置的值也仍被保存在仪器中。所以，在使用仪器时，若所用棱镜改变，则必须重新按新的棱镜进行设置。

操作过程	操作	显示
①由距离测量或坐标测量模式按［F3］（S/A）键进入设置音响模式	［F3］	设置音响模式 PSM：0.0　PPM　0.0 信号：［▌▌▌▌▌▌］ 棱镜　PPM　T－P　—
②按［F2］（PPM）键，显示当前设置值	［F2］	PPM 设置 PPM：　0.0　ppm 输入　—　—　回车
③按［F1］直接输入大气改正值，再按［F4］返回到设置音响模式	［F1］ 输入数据 ［F4］	

图 4-25　直接设置大气改正值

完成了以上仪器的参数设置之后，便可使用仪器进行角度、距离、高差和坐标等测量工作，并可利用菜单模式进行数据采集和施工放样测量工作。

至于像 NTS－350 系列仪器和其他品牌的全站仪，其仪器的设置方法基本类似，在此由于篇幅的关系不再介绍，具体使用、设置时可参照相关说明书进行。

4.7.3　全站仪的使用与操作

利用全站仪进行角度、距离和坐标测量时，首先须进行仪器的站点安置工作，安置好后即可开机进行各项具体的测量，以获得测量外业数据或是进行工程放样测量。

测量时，首先确定好站点，并在站点上架设三脚架（一般要求用配套的三脚架），然后使用直径为 5/8in 的中心连接螺旋将仪器固连在三脚架上，利用仪器上的光学对中器精确对中和整平，完成仪器的安置，建立好工作测站。全站仪的安置操作方法同光学经纬仪的安置步骤基本相同。一般采用光学对中器完成对中，利用长管水准器精平仪器。对于带有激光对中器的全站仪，其安置过程则更为方便。

安置好仪器后，即可按电源开关［POWER］键，完成仪器的正常开机。一般来说，开机即进入到标准的测角模式，如果要进行距离测量，即可利用面板上的基本按键进行测量模式的转换，同时应确认仪器所设置的棱镜常数（PSM）和大气改正值（PPM）是否与仪器的状态相合，并可按使用需要调节显示屏的对比度及明亮度，然后根据需要进行各项测量工作。

1. 角度测量

利用仪器测量角度时，必须将仪器的测量模式转为角度测量模式。其基本的操作步骤与经纬仪测角相同，一般用测回法，在方向数较多的情况下可使用方向观测法。依据测角原理，在测水平角时，为了提高测量精度，一般需按规范要求采用多测回进行观测，因而在测角时，当仪器为盘左状态下，必须进行度盘零方向的设置。在第一测回时将零方向置零，而在其他测回需按相应的度盘间隔来设置起始方向的度盘读数，然后按观测方向分别在不同的盘位状态予以观测，并记录相应观测读数，最终进行角度值的计算，完成水平角的观测。

对于竖直角观测则更为方便，因为按照其测角原理，测量时不必向水平角观测那样来设置起始方向，只需在不同的盘位状态照准观测目标，得到相应的观测数据即可。

（1）水平角（右角）和垂直角测量。在测站点 O 观测 A、B 两方向间的水平角，首先安置好仪器于站点 O，然后开机进入角度测量模式，取盘左位，旋转仪器照准第一目标 A，按以下操作完成盘左位测量，然后将仪器调置为盘右位，仿此步骤进行盘右位观测，不过在该盘位下，首先应照准目标 B，且不得配置度盘，直接观测得到外业数据即可，如图 4-26 所示。

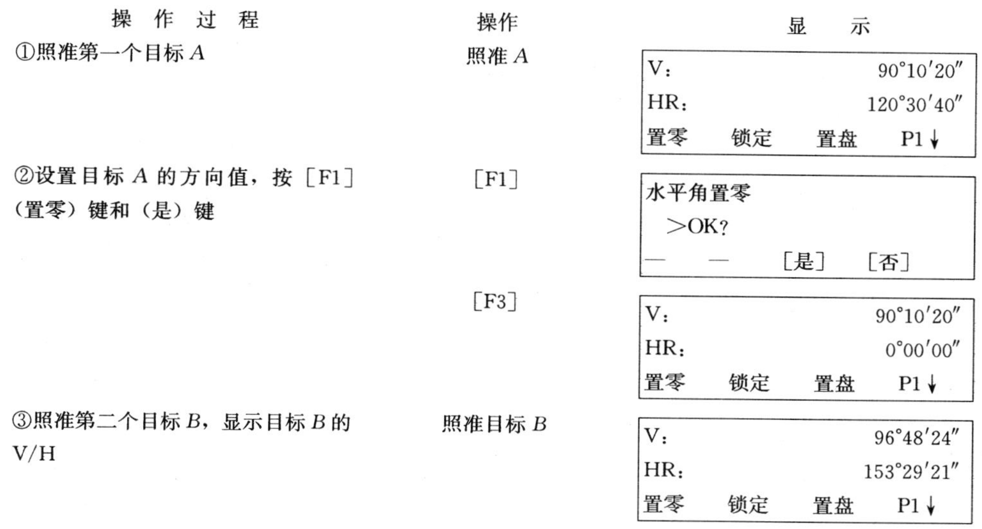

操作过程	操作	显示
①照准第一个目标 A	照准 A	V：90°10′20″ HR：120°30′40″ 置零　锁定　置盘　P1↓
②设置目标 A 的方向值，按［F1］（置零）键和（是）键	［F1］	水平角置零 ＞OK? —　—　［是］　［否］
	［F3］	V：90°10′20″ HR：0°00′00″ 置零　锁定　置盘　P1↓
③照准第二个目标 B，显示目标 B 的 V/H	照准目标 B	V：96°48′24″ HR：153°29′21″ 置零　锁定　置盘　P1↓

图 4-26　水平角测量

在进行水平角度测量时，仪器状态有左角、右角之分，该两种状态相互间是可以切换的，一般观测时切换为右角模式（即界面上显示为 HR）。

（2）测量水平角时起始方向的设置方法。

1）第一测回盘左位零方向的设置。如图 4-26 所示，利用菜单界面中的置零功能键［F1］，在照准起始方向后，按置零功能，进入询问页面菜单，然后按［是］键即［F3］功能键，完成设置。

2）通过锁定方向读数值进行设置。在角度测量模式下，欲配置某方向的读数为指定数值，按以下操作进行读数锁定予以设置方向值。首先转动仪器，使水平方向读数为指定数值，然后利用界面中的锁定键［F2］功能键进行锁定，然后再旋转仪器照准欲配置某方向，按［是］键即［F3］功能键即可完成设置，如图 4-27 所示。

3）通过键盘输入进行设置。在角度测量模式下，欲配置某方向的读数为指定数值，还可以通过键盘直接输入数据进行。首先对配置方向进行照准，然后通过界面中的置盘键［F3］功能键来完成方向读数的设置。如配置某方向读数为 70°40′20″，操作如图 4-28 所示。

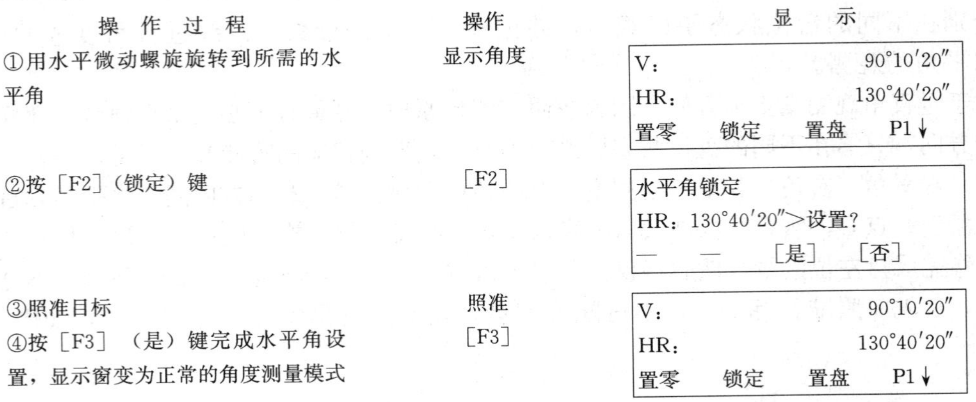

操作过程	操作	显示
①用水平微动螺旋旋转到所需的水平角	显示角度	V：90°10′20″ HR：130°40′20″ 置零　锁定　置盘　P1↓
②按［F2］（锁定）键	［F2］	水平角锁定 HR：130°40′20″>设置？ —　—　［是］　［否］
③照准目标 ④按［F3］（是）键完成水平角设置，显示窗变为正常的角度测量模式	照准 ［F3］	V：90°10′20″ HR：130°40′20″ 置零　锁定　置盘　P1↓

图 4-27　锁定方向读数值设置起始方向

操作过程	操作	显示
①照准目标	照准	V：90°10′20″ HR：170°30′20″ 置零　锁定　置盘　P1↓
②按［F3］（置盘）键	［F3］	水平角设置 HR： 输入　—　—　回车 1234　5678　90.—　［ENT］
③通过键盘输入所要求的水平角如：70°40′20″	［F1］ 70.4020 ［F4］	V：90°10′20″ HR：70°40′20″ 置零　锁定　置盘　P1↓

图 4-28　键盘输入设置方向

（3）垂直角百分度（%）模式。在角度测量模式下进行竖直角测量，有时需进行竖直角与垂直角百分度（%）模式的相互转换，该仪器按以下操作进行：

1）按［F4］（↓）键转到显示屏第二页。

2）按［F3］（V%）键，显示屏即显示 V%，进入垂直角百分度（%）模式。

2. 距离测量

在进行距离测量及坐标测量时，仪器必须设置好相关参数，如温度大气改正、棱镜常数、距离测量模式是连续测量还是 *N* 次测量/单次测量以及是精测还是粗测等，然后再由测角模式切换为距离模式或是坐标模式，进行相关测量，测得合格观测值。

相关项目的设置方法参见前面介绍，在此不作重复。

（1）距离测量（*N* 次测量/单次测量/连续测量）。开机后，完成或核对仪器相关设置参数，并准备好棱镜，将其立在目标点上，然后将仪器由角度测量模式切换为距离测量模式，旋转仪器，以照准观测目标（照准棱镜的照准中心）然后按以下步骤进行操作来测取距离，如图 4-29 所示。

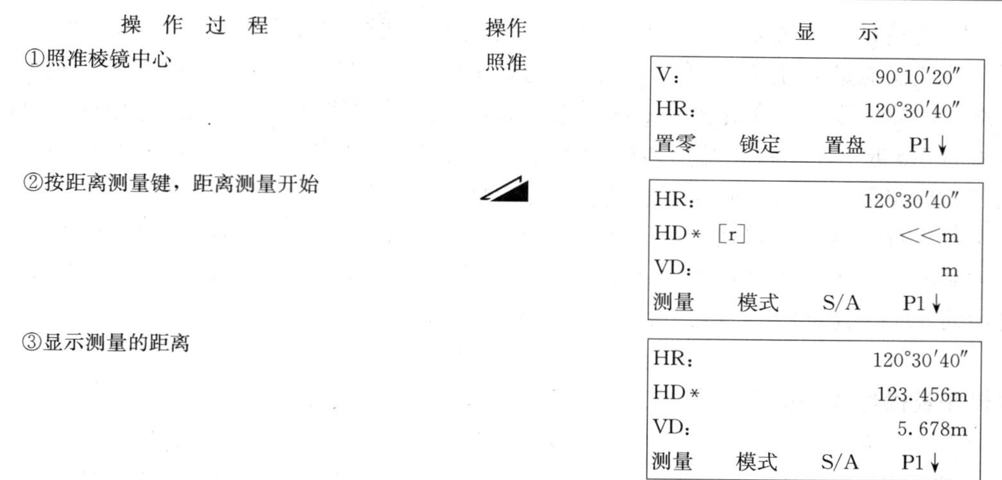

图4-29 距离测量（单次测量）

当输入测量次数后，GTS-330系列就将按设置的次数进行测量，并显示出距离平均值。当输入测量次数为1时，因为是单次测量，仪器不显示距离平均值，该仪器出厂时已被设置为单次测量。

（2）精测模式/跟踪模式/粗测模式。

精测模式：这是正常的测距模式，最小显示单位有0.2mm和1mm两种精度方式；在不同的精度模式下，仪器的响应时间是不相同的，一般精度越高，测量时间越长。在0.2mm模式下测一次距离大约需2.8s；在1mm模式下大约需1.2s。

跟踪模式：此模式观测时间要比精测模式短，最小显示单位为10mm，测量时间约为0.4s。

粗测模式：该模式观测时间比精测模式短，最小显示单位为10mm或1mm，测量时间约为0.7s，具体操作如图4-30所示。

操 作 过 程	操作	显 示
①首先按面板上的距离测量键，进入距离测量操作界面		HR: 120°30′40″ HD* 123.456m VD: 5.678m 测量 模式 S/A P1↓
②在距离测量模式下按［F2］（模式）键，设置模式的首字符（F/T/C）将显示出来（F：精测 T：跟踪 C：粗测）		HR: 120°30′40″ HD* 123.456m VD: 5.678m 精测 跟踪 粗测 F
③按［F1］（粗测）键，［F2］（跟踪）键或［F3］（粗测）键	［F1］～［F3］	HR: 120°30′40″ HD* 123.456m VD: 5.678m 测量 模式 S/A P1↓

图4-30 距离测量（精测）

（3）距离模式下的放样测量。在距离测量模式下，通过翻页键可进入到放样测量菜单，因而可应用该功能进行工程放样，放样时可选择平距（*HD*）、高差（*VD*）和斜距（*SD*）中的任意一种放样模式。在此模式下放样结束后，若要返回到正常的距离测量模式，可设置放样距离为 0m 或关闭电源，然后再进行正常的距离测量。利用该菜单来放样时需要输入待放样的已知放样数据，故在放样之前必须进行放样数据的准备工作。

该功能进行放样的原理是通过仪器固化的公式计算出实测距离与输入的放样距离之差，并将差值显示于屏上（如菜单中的 *dHD* 值），放样者即可依据该数据指挥跑尺员移动棱镜，直至显示的 *dHD* 值为 0，即得到放样点位。其基本计算公式如下：

测量距离－放样距离＝显示值

放样测量操作步骤如下（图 4-31）。

操 作 过 程	操作	显 示
①在距离测量模式下按［F4］（↓）键，进入第二页功能	［F4］	HR： 120°30′40″ HD＊ 123.456m VD： 5.678m 测量 模式 S/A P1↓ 偏心 放样 m/f/iP2↓
②按［F2］（放样）键，显示出上次设置的数据 0.000	［F2］	放样 HD： 0.000m 平距 高差 斜距 ——
③通过按［F1］～［F3］键选择测量模式，例：水平距离	［F1］	放样 HD： 0.000m 输入 —— —— 回车 1234 5678 90.－ ［ENT］
④输入放样距离 100.000	［F1］ 输入数据 ［F4］	放样 HD： 100.000m 输入 —— —— 回车
⑤照准目标（棱镜）测量开始。显示出测量距离与放样距离之差 23.456	照准 P	HR： 120°30′40″ dHD＊［r］ <<m VD： m 测量 模式 S/A P1
⑥移动目标棱镜，直至距离差等于 0m 为止		HR： 120°30′40″ dHD＊［r］ 23.456m VD： 5.678m 测量 模式 S/A P1↓

图 4-31 距离模式下的放样测量

3. 坐标测量

在某已知点上，欲测定某未知点的坐标，即可采用仪器的坐标测量模式来完成。一般说来，进行坐标测量，要先设置测站点坐标、测站仪器高、目标棱镜高及后视方位角（即后视定向方向，该方向值一般需根据站点与定向点的已知坐标通过反算得到），然后即可在坐标测量模式下通过已知站点测量出未知点的坐标。具体操作步骤如下。

（1）测站点坐标的设置。首先在已知站点安置全站仪，完成对中整平工作，然后进行必要的设置，即可进入坐标测量模式界面，以进行未知点的坐标测量（切换方法同距离测量模式的切换，只需按基本键坐标测量键即可）。在仪器坐标测量菜单下，按翻页键 P1 即［F4］功能键进入第二页面，在此页面中按［F3］功能键进入测站设置菜单，具体步骤如图 4-32 所示。在测量时，若没有进行测站点的坐标设置（即输入站点的坐标），测站点的缺省坐标为（0，0，0）。

操作过程	操作	显示
①在坐标测量模式下按［F4］（↓）键进入第 2 页功能	［F4］	N：123.456m E：34.567m Z：78.912m 测量　模式　S/A　P1↓ 镜高　仪高　测站　P2↓
②按［F3］（测站）键	［F3］	N→ 0.000m E：0.000m Z：0.000m 输入　——　——　回车 1234　5678　90. -　［ENT］
③按［F1］进入数据输入菜单。输入 N 坐标：51.456。按［F4］确认，光标自动向下移至 E	［F1］ 输入数据 ［F4］	N　51..456m E→ 0.000m Z：0.000m 输入　——　——　回车
④按同样方法输入 E 坐标：34.576 和 Z 坐标：78.912。输入数据经确认后，显示屏返回坐标测量模式		N：51.456m E：34.567m Z：78.912m 测量　模式　S/A　P1↓

图 4-32　测站的设置

（2）仪器高的设置。仪器站点设置好后，还要量取仪器高，并设置仪器高。电源关闭后，可保存仪器高，具体操作步骤如图 4-33 所示。若仪器高未输入时，仪器默认其值为 0，并以 0 参与计算。

操作过程	操作	显示
①在坐标测量模式下，按［F4］（↓）键，进入第 2 页功能	［F4］	N：123.456m E：34.567m Z：78.912m 测量　模式　S/A　P1↓ 镜高　仪高　测站　P2↓

图 4-33　仪器高的设置（一）

操作过程	操作	显示
②按［F2］（仪高）键，显示当前值0.000	［F2］	仪器高 输入 仪高：　0.000m 输入　——　——　回车 1234　5678　90.-　［ENT］
③按［F1］进入数据输入菜单。输入仪器高数据，并按［F4］确认。显示屏返回坐标测量模式	［F1］ 输入仪器高 ［F4］	N：　123.456m E：　34.567m Z：　78.912m 测量　模式　S/A　P1↓

图4-33　仪器高的设置（二）

（3）目标高（棱镜高）的设置。为了能测取出未知点的高程坐标（即界面中的Z），还需要在仪器中设置好棱镜高度，该值可以事先定出或者是利用钢卷尺如实量取。电源关闭后，可保存目标高。具体操作步骤如图4-34所示。若棱镜高未输入时，仪器默认其值为0，并以0参与计算。

操作过程	操作	显示
①在坐标测量模式下，按［F4］（↓）键，进入第2页功能	［F4］	N：　123.456m E：　34.567m Z：　78.912m 测量　模式　S/A　P1↓ 镜高　仪高　测站　P2↓
②按［F2］（镜高）键，显示当前值0.000	［F1］	镜高 输入 镜高：　0.000m 输入　——　——　回车 1234　5678　90.-　［ENT］
③按［F1］进入数据输入菜单，输入棱镜高数据，并按［F4］确认，显示屏返回坐标测量模式，输入	［F1］ 输入棱镜高 ［F4］	N：　123.456m E：　34.567m Z：　78.912m 测量　模式　S/A　P1↓

图4-34　棱镜高的设置

（4）定向方向的设置。依据坐标测量原理，测量坐标时还需设置测量的定向方向。此时需先计算出定向方向的坐标方位角，以便于设置定向边。设置时，首先应从坐标模式切换回角度测量模式，然后按锁定方向角度或利用键盘输入方向角的方法来进行设置，具体参见角度起始边的设置一节。在设置时，必须照准定向点，否则会产生较大的定向误差，而影响到数据结果的精度。

（5）坐标测量的过程。定向完成后，再将仪器切换回坐标测量模式，并旋转仪器照准未知点上所立的棱镜，以保证准确照准，然后按测量键即［F1］功能键，进行坐标测量，最终显示出坐标值，如图 4-35 所示。

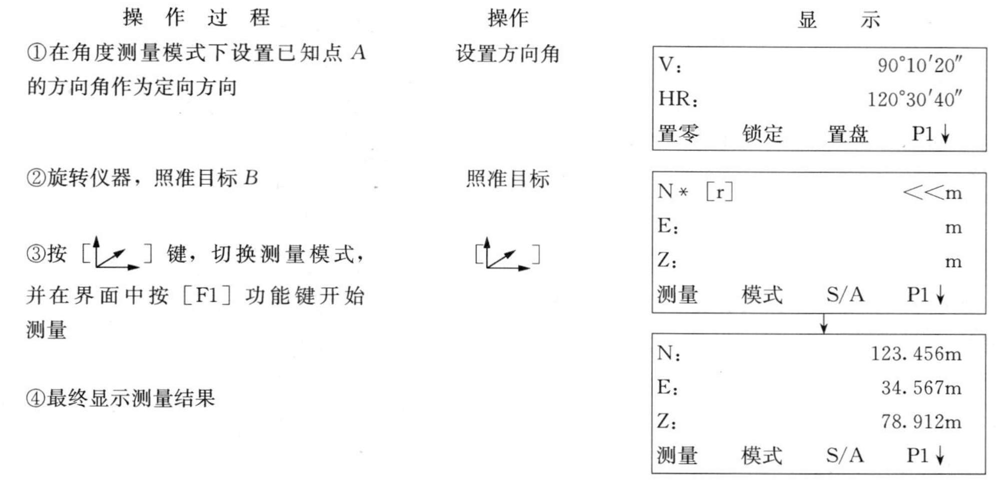

图 4-35　定向及坐标测量

4. 菜单测量模式（即［MENU］模式）

GTS－330 系列除了标准的测量模式外，还有一种菜单测量模式。一般在开机后由角度测量模式切换得到，若仪器为角度测量模式，可直接在面板上按［MENU］基本键，便进入菜单测量模式界面。该菜单中有两种主要的测量程序，即数据采集模式和放样模式；另外，还可以利用存储管理功能来进行测量数据的存储与通信，并进行坐标文件及测量数据文件的管理。在此之外，利用其他程序菜单还可以进行仪器基本参数的设置工作，如参数组 1 的设置等。下面具体介绍数据采集模式和放样模式的操作情况。

（1）坐标文件的建立。在进行菜单模式测量时，为了工作的方便，一般应事先建立好坐标测量文件，以便在该文件中保存建站时所需的各控制点的坐标，以方便在测量中进行调用，提高工作效率。关于坐标文件中坐标数据的输入，可以手工逐点输入，也可以利用通信接口进行数据的反向传输（即由计算机传输到全站仪）。建立好坐标文件，每一个文件均有一个文件名，可以根据需要任意取名，但不得重复。具体过程介绍如下。

1）在菜单模式界面中，按［F3］功能键，进入存储管理菜单（即 1/3）。

2）在存储管理菜单界面中，按［F4］功能键，进行翻页，进入存储管理菜单的第二页（即 2/3）。

3）在存储管理菜单的第二页界面中按［F1］功能键，以进行坐标输入，此时即进入一个选择文件的界面，文件的选择可以新建（此时必须输新的文件名，以开始建文件），也可以对老坐标文件进行调用，以便添加或者删除坐标数据，对文件进行更新。取好坐标名（或选择调用文件）后，按［F4］功能键，进入输入坐标数据界面。

4）在输入坐标数据界面中，输入点号（一般从 1 号编起），按［F4］功能键确认，即自动进入点位坐标数据输入状态，此时依次输入该点的（N，E，Z）坐标数据，最终按［F4］功能键确认，便自动进入第二点的输入状态，如此逐点输入，直至输完所有控制点，建立该坐标文件，如图 4-36 所示。

操作过程	操作	显示
在面板上按［MENU］键进入菜单界面	按［MENU］	菜单 1/3 F1：数据采集 F2：放样 F3：存储管理 P↓
①由主菜单 1/3 按［F3］（存储管理）键	［F3］	存储管理 1/3 F1：文件状态 F2：查找 F3：文件维护 P↓
②按［F4］（翻页）键，进入存储管理的第二页	［F4］	存储管理 2/3 F1：输入坐标 F2：删除坐标 F3：输入编码 P↓
③按［F1］，进入选定文件页面	［F1］	选择文件 FN：________ 输入 调用 —— 回车
④按［F1］键，新建一个文件，并按字符及数字的输入方法输入文件名 YXP。并按［F4］确认，进入输入坐标数据页面	［F1］＋［F4］	输入坐标数据 点号：________ 输入 调用 —— 回车
⑤按［F1］键，输入点号 N1，并按［F4］确认，进入坐标数据输入页面	［F1］＋［F4］	N→ m E m Z m 输入 调用 —— 回车
⑥完成 N1 点的坐标输入（*N*，*E*，*Z*）按［F4］确认，即自动进入第二点 N2 的数据输入界面 ⑦按相同的方法完成第二点 N2 的数据输入，以此类推，输完所有坐标数据，最终建立好该坐标文件	［F4］	输入坐标数据 点号：N2 ________ 输入 调用 —— 回车

图 4-36 坐标文件的建立

（2）放样测量模式。坐标文件建立好后，便可方便数据调用，即在利用菜单模式进行放样测量或是数据采集工作时都需要建立测站，并建立后视定向方向，此时即可调用坐标数据文件中的坐标作为测站点或后视点坐标用。施工放样工作的步骤为：

1）首先确定好施工场地上的施工控制点，编制坐标文件，并在仪器中建立好该文件。

2）建立待放样点的测设数据文件，并将其各点数据均添加到控制点的坐标文件中。

3）在某施工测量控制点上安置好全站仪，并切换到菜单测量模式。

4）在菜单测量界面下，按［F2］功能键，即进入放样模式下的选择文件界面，此时即可按［F2］功能键进行文件调用，在查找菜单中通过上下键找到编制好的坐标文件名，再按［F4］功能键确认，仪器即自动跳转到放样程序状态。

5）在放样程序界面下，按［F1］功能键，进入到测站点设置界面，此时首先通过调用方式找到该施工控制点对应的点号，再按［F4］功能键确认，仪器自动显示该点的坐标，并予以询问，看其坐标是否有误，若无误，按按［F3］功能键进行设置；仪器又自动跳转到仪器高的设置页面，此时可按数字的输入方法将量好的仪器高数据输入进去，并按［F4］功能键，完成站点设置。仪器自动跳转至放样程序界面。

6）站点设置好后，在放样程序界面下按［F2］功能键，即进入到后视方向的设置页面，同样可以通过调用方式找到该定向控制点对应的点号，再按［F4］功能键确认，仪器自动显示该点的坐标，并予以询问，看其坐标是否有误，若无误，按［F3］功能键进行设置，此时仪器完成后视方向方位角的计算，并要求进行定向点目标照准，所以立即旋转仪器，准确照准定向点，然后按［F3］功能键，完成后视方向的设置。仪器又自动跳转到放样程序主界面。

7）在放样程序主界面中，按［F3］功能键进入到放样工作界面。首先要求确定放样点号，此时同样采用调用方式，来定待放样点，在坐标文件中找到后，按［F4］功能键确认，仪器自动显示该点的坐标，并予以询问，看其坐标是否有误，若无误，按［F3］功能键，仪器进入镜高设置界面，按照实际的棱镜高度设置好，并按［F4］功能键，仪器即显示出采用极坐标进行放样的测设数据（计算出的角度 *HR* 和距离 *HD*），按照极坐标法的思想，先确定方向，在定点位平面位置，最后确定高度位置；按［F4］功能键，进行角度差的计算，并显示出目前照准方向与待定出方向之间的角差，随后操作者旋动仪器，减小角差直至为 0，并用固定螺旋锁定方向，用微动螺旋精确使角差达到要求；方向定准后，指挥跑尺员在地面标记该方向。随后按［F2］功能键，进入距离放样状态，在界面中可选择坐标或是测距模式，以便通过实际测量计算出 *dHD*，根据该数值即可指挥跑尺员在该方向的地面上移动，直至 *dHD* 为零，最后用桩予以标定该待测点。

8）如若还需进行高度放样，参照仪器说明书进行。

放完一点后，务必进行检核，最终保证点位误差在施工对象的规范所允许的限度内，即满足建筑限差对放样工作的要求。

当在进行放样工作之前，若没有建立坐标文件，那么在设置测站点和后视方向时，便不能采用坐标调用的方式来输入控制点坐标，而只能在各自进行设置时采用键盘输入方式来输入站点坐标（或定向点坐标），测站点的设置方法可按图 4-37 所示步骤进行。

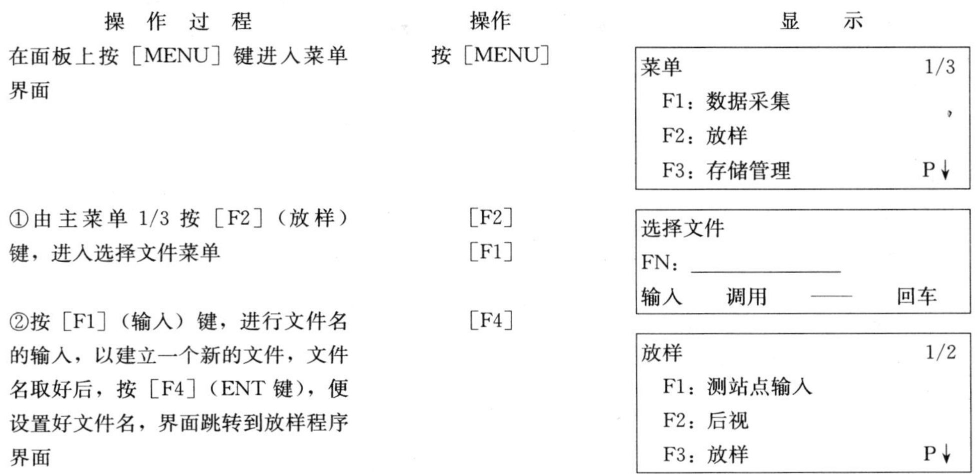

图 4-37　键盘输入方式设置测站点（一）

操作过程	操作	显示
③按［F1］，进入测站点设置页面	［F1］	测站点 点号：＿＿＿＿＿ 输入　调用　坐标　回车
④按［F3］键（坐标键），进入站点坐标数据的输入页面，按［F1］进行数字输入，每完成一个即按［F4］确认，光标顺次下已，直至 Z 坐标的输入，按［F4］确认，进入仪器高设置页面	［F3］ ［F1］ ［F4］ ［F4］ ［F4］	N→　m E　m Z　m 输入　——　点号　回车 仪器高 输入 仪高：　1.500m 输入　——　——　回车
⑤按［F1］键，输入仪器高数据，并按［F4］确认，完成测站点的设置，界面跳转至放样程序主界面	［F1］ ［F4］	放样　1/2 F1：测站点输入 F2：后视 F3：放样　P↓

图 4-37　键盘输入方式设置测站点（二）

完成测站点设置后，便可进行后视方向的设置。在放样主界面中，按［F2］功能键即进入后视方向设置页面。其步骤如图 4-38 所示。

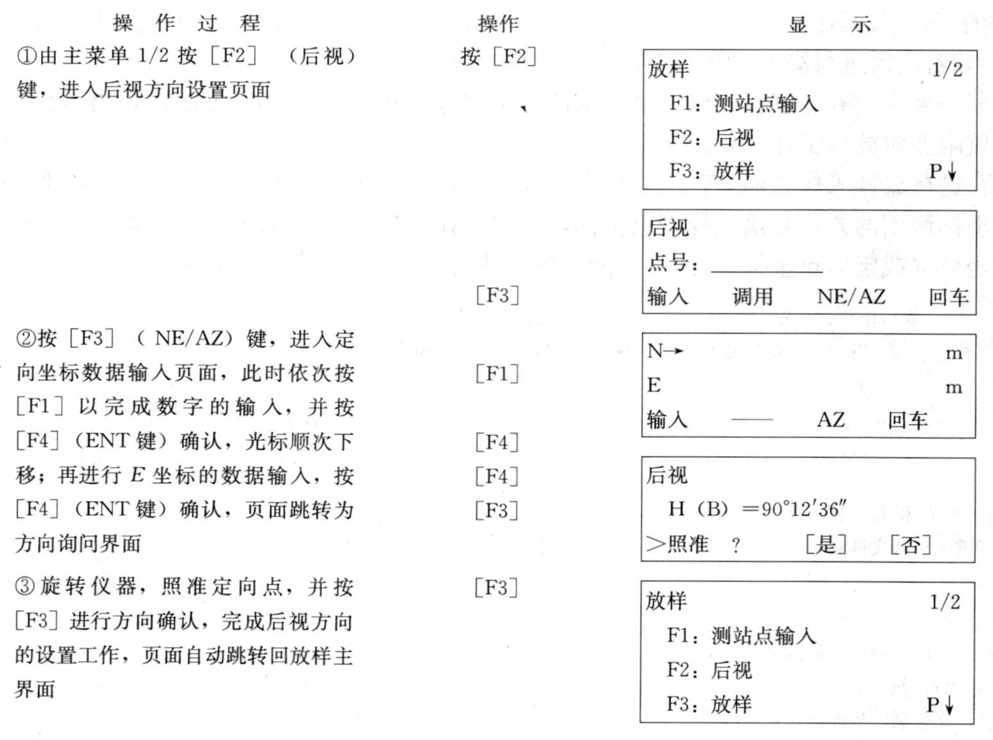

操作过程	操作	显示
①由主菜单 1/2 按［F2］（后视）键，进入后视方向设置页面	按［F2］	放样　1/2 F1：测站点输入 F2：后视 F3：放样　P↓ 后视 点号：＿＿＿＿＿ 输入　调用　NE/AZ　回车
②按［F3］（NE/AZ）键，进入定向坐标数据输入页面，此时依次按［F1］以完成数字的输入，并按［F4］（ENT 键）确认，光标顺次下移；再进行 E 坐标的数据输入，按［F4］（ENT 键）确认，页面跳转为方向询问界面	［F3］ ［F1］ ［F4］ ［F4］ ［F3］	N→　m E　m 输入　——　AZ　回车 后视 H（B）＝90°12′36″ >照准　?　［是］［否］
③旋转仪器，照准定向点，并按［F3］进行方向确认，完成后视方向的设置工作，页面自动跳转回放样主界面	［F3］	放样　1/2 F1：测站点输入 F2：后视 F3：放样　P↓

图 4-38　后视方向的设置

测站点与定向方向的设置在放样测量模式、数据采集模式和正常坐标测量模式是相互通用的，因而当在任意模式下设好站点及后视方向后便不需在其他模式下重新设置，利用GTS-330系列仪器或是NTS-350系列仪器时，为了方便和实用，通常是在放样测量模式下进行测站点的设置和后视方向的设置，然后若需要进行坐标测量或是数据采集，只需切换测量模式，直接工作，而不必重新设置仪器，但假若工作中间出现中断或是仪器发生移动，则必须重新安置仪器，并完成设置工作。

（3）数据采集测量。GTS-330系列可将测量数据存储于仪器内存中。

内存划分为测量数据文件和坐标文件。文件数最大可达30个。测量中被采集的数据一般应存储在测量数据文件中，其测点数目随工作状态而变，在放样模式中没有存储坐标数据文件的情况下，仪器最多可测量存储达8000个点。由于仪器的内存是供数据采集模式和放样模式共同使用的，因此当在放样模式下有存储数据时可存储测点的数目就会减少。

无论是在放样模式下还是数据采集模式下，若要结束该工作，关闭电源时应确认仪器处于主菜单显示屏或角度测量模式，这样可以确保存储器输入、输出过程完成，避免存储的数据出现丢失现象，即菜单模式结束时，必须退回到主菜单显示屏或角度测量模式下，不得在未退回状态中关机。

由于数据采集模式是数字测图中的主要野外数据的采集手段，其测量原理是依据控制点来测取其所控制范围内的大量碎部特征点，一般按三角高程原理进行工作因而为了野外数据采集的方便，必须事先建立控制点坐标数据文件，以便于在建立测站时调用；同时在测量时还需建立碎部点数据采集文件，以便测完后进行文件的存储、传输、增删、编辑与管理等工作，最终利用采集的数据来完成测绘图纸的编辑工作，形成测绘产品。

数据采集的操作具体步骤如下（其中点编码可以通过输入编码库中的登记号来输入，为了显示编码库文件内容，可按［F2］查找键，其操作见仪器说明书相关内容）：

1）建立控制点坐标数据文件，并事先存储仪器中（可以采用双向传输方式由计算机传入全站仪内存）。

2）在测区内某控制点安置全站仪，完成对中、整平及量取仪器高的工作；同时检查或者设置仪器的工作参数，确保正确无误；准备好棱镜杆和定向用的目标架，并确定好镜高。

3）按［POWER］键开机，然后按［MENU］键进入菜单模式。

4）在菜单模式下，首先按［F2］功能键进入到放样程序界面，以完成测站点的设置和定向点后视方向的设置工作。最后返回到菜单模式界面。

5）在菜单模式界面中，按［F1］键进入数据采集模式下的数据文件选择页面，进行数据文件的建立（或调用），以确定本站工作所采集的测量数据的存储位置，因为数据一定是存储在文件中的。

如果是第一次开始本测区的数据采集工作，还未建立数据文件，则可按键盘输入方式新建一个文件；如果在此之前已建好了本测区的采集数据文件，则可通过调用方式来查找到老文件，以此建立本站数据采集的文件。

建立好文件后，按［F4］键，仪器进入到数据采集主程序界面，由于站点已经设置好了，所以不需操作本菜单下的前两部。

6）在数据采集主菜单中，直接按［F3］键，进入到碎部点数据采集界面中。然后按以下操作步骤来采集各碎部点，并逐一存储在数据文件中，如图4-39所示。

操 作 过 程	操作	显 示
①由数据采集菜单 1/2 按［F3］（前视/后…视）即显示原有数据	［F3］	数据采集 1/2 F1：测站点输入 F2：后视 F3：前视/后视 P↓
②按［F1］（输入）键，输入点号后，按［F4］（ENT）确认	［F1］ 输入点号 ［F4］	点号→ 编码： 镜高： 0.000m 输入 查找 测量 同前
		点号=PT−01 编码： 镜高： 0.000m 1234 5678 90. - ［ENT］
③用同样方法输入编码、棱镜高	［F1］ 输入编码 ［F4］ ［F1］ 输入镜高 ［F4］	点号=PT−01 编码：→ 镜高： 0.000m 输入 查找 测量 同前
④按［F3］（测量）键 ⑤照准目标 ⑥按［F1］到［F3］中的一个键，如［F3］（坐标）键，开始测量坐标，测量数据被存储，显示屏变换到下一个镜点，且点号自动增加	［F3］ 照准 ［F2］	点号→PT−01 编码：TOPCON 镜高： 1.200m 输入 查找 测量 同前 角度 *斜距 坐标 偏心
		V： 90°10′20″ HR： 120°30′40″ SD* ［n］ <m >测量… <完成>
⑦输入下一个镜点数据并照准该点	照准	点号→PT−02 编码：TOPCON 镜高： 1.200m 输入 查找 测量 同前
⑧按［F4］（同前）键，按照上一个镜点的测量方式进行测量，测量数据被存储。用同样方式测量其他各点，直至测完本站所有的可见碎部点，按［ESC］键即可结束数据采集模式	［F4］	V： 90°10′20″ HR： 120°30′40″ SD* ［n］ <m > 测量… <完成>
		点号→PT−03 编码：TOPCON 镜高： 1.200m 输入 查找 测量 同前

图 4-39 碎部点数据采集

就 GTS-330 系列全站仪而言，除了上面这些基本的和常用的测量方式之外，还有一些其他的测量工作方式，如悬空测量、偏心测量等在此不作介绍，具体可参见厂家的仪器使用说明书。

至于全站仪的使用来讲，由于市面上品牌太多，生产厂家也多，不可能就各种仪器分别介绍，只能就其市场率高一点的作一说明，以抛砖引玉。就我国南方仪器而言，其仪器的基本结构与拓普康的仪器相似，因而在操作使用上也基本相同，无论是角度测量、距离测量、坐标测量或是菜单模式下的数据采集测量和放样测量，其设置方法、操作步骤大致相当，所以 NTS-350 的操作也就不详细介绍了。

另外，在数据通信方面，必须配合相关的数据传输软件，在软件的支持下，只要利用数据线连接好全站仪与计算机，并设置好相应的通信参数，便可方便地进行双向数据通信，完成数据的下载及上传工作。

4.7.4 全站仪使用须知

全站仪是集电子经纬仪、电子测距仪和电子记录装置为一体的现代精密测量仪器，其结构复杂而价格昂贵，因此必须严格按操作规程进行操作和维护。

1. 一般操作注意事项

(1) 使用前应结合仪器仔细阅读使用说明书，熟悉仪器各功能和实际操作。

(2) 望远镜的物镜不能直接对准太阳，以避免损坏测距部的发光二极管。

(3) 在阳光下作业时，必须打伞，防止阳光直射仪器。

(4) 迁站时即使距离很近，也应取下仪器，装箱后方可移动。

(5) 仪器安置在三脚架架头之前，应旋紧三脚架的三个伸缩螺旋。仪器安置在三脚架上时，应旋紧中心连接螺旋。

(6) 运输过程中必须注意防振。

(7) 仪器和棱镜在温度的突变中会降低测程，影响测量精度。要使仪器和棱镜逐渐适应周围温度后方可使用。

(8) 作业前检查电压是否满足要求。

(9) 仪器应存放在温度为－30℃～＋60℃范围的房间内。

(10) 在需要进行高精度观测时，应采取遮阳措施，防止阳光直射仪器和三脚架，影响测量精度。

(11) 三脚架架开使用时，应检查其各部件，包括各种螺旋应活动自如。

2. 仪器的维护

(1) 每次作业后，应用毛刷扫去仪器上面的灰尘，然后用软布轻擦。镜头不能用手擦，可先用毛刷扫去浮尘，再用镜头纸擦净。

(2) 无论仪器出现任何现象，切不可拆卸仪器，添加任何润滑剂，而应与厂家或维修部门联系。仪器应存放在清洁、干燥、通风、安全的房间内，并有专人保管。

(3) 电池充电时间不能超过充电器规定的时间。仪器长时间不用，一个月之内应充电一次。仪器存放温度保持在－30℃～＋60℃以内。

参 考 文 献

[1] 杨晓平，王云江．建筑工程测量［M］．武汉：华中科技大学出版社，2006.

[2] 杨正尧．数字测图原理与方法实验与习题［M］．武汉：武汉大学出版社，2004.

[3] 中华人民共和国国家标准．GB 50026—2007 工程测量规范．北京：中国计划出版社，2008.

[4] 潘正风，杨正尧．数字测图原理与方法［M］．武汉：武汉大学出版社，2004.

[5] 石四军．建筑工程控制与施工测量快速实施手册［M］．北京：中国电力出版社，2006.

[6] 杨晓平．建筑工程测量实训指导手册［M］．武汉：华中科技大学出版社，2006.

[7] 拓普康电子全站仪 GTS－330 系列使用手册．

[8] 南方电子全站仪 NTS－350 系列使用手册．